Thomas Estler

Baureihe ET 65

transpress Fahrzeugportrait

Baureihe ET 65

transpress

Einbandgestaltung: Andreas Pflaum

Titelbild: C. Honzera
Museumstriebwagen 465 006 am 22. Oktober 1995 in Stuttgart-Münster.

Rücktitelbild: Jürgen Krantz
465 017 verläßt im Herbst 1976 den Bahnhof Tamm in Richtung Stuttgart.

ISBN: 3-613-71111-7

Postfach 10 37 43, 70032 Stuttgart
Ein Unternehmen der
Paul Pietsch Verlage GmbH + Co.

1. Auflage 1999

Lektorat: Claus-Jürgen Jacobson
Innengestaltung: Klaus Necker
Reproduktion: digi bild reinhardt, 73037 Göppingen
Druck: TC Druck, 72072 Tübingen
Bindung: Karl Dieringer, 70839 Gerlingen
Printed in Germany

Inhalt

Vorwort

Fast ein halbes Jahrhundert rackerten die robusten Triebwagen der Baureihe ET 65 im Stuttgarter Vorortverkehr. Ihr charakteristisches Heulen signalisierte schon von weitem Ankunft und Abfahrt an den Bahnhöfen. Ältere Eisenbahnfreunde werden sich auch noch gerne an das spezifische Knacken der Steuerung erinnern. Die Lieblingsplätze dieser »Freaks« waren natürlich in der Mitte des Triebwagens beim Schaltkasten. Lange Zeit unersetzlich, konnten die »roten Heuler« erst mit Aufnahme des S-Bahnverkehrs am 1. Oktober 1978 abgelöst werden. Ihre Nachfolger der Baureihe 420 werden wahrscheinlich nicht so lange im Verkehr stehen. Grund genug also, diesen Fahrzeugen ein Denkmal zu setzen, zumal sie auch einen entscheidenden Meilenstein in der Entwicklung elektrischer Wechselstrom-Triebwagen darstellen.

Mein Dank gilt allen Bildautoren und Archiven, die mich mit Bildmaterial unterstützt haben. Insbesondere bedanken möchte ich mich bei Herrn Gerhard Rieger, der aus seinem unersetzlichen Archiv zahlreiche Unterlagen zur Verfügung stellte. Nicht vergessen werden soll mein Schwiegervater Heinz Estler, der entscheidende Fakten zum tragischen Unfall von Esslingen beisteuerte. Auch meiner Frau Heidi gebührt für ihre unendliche Geduld und Ausdauer beim Korrekturlesen ein herzliches Dankeschön.

Fellbach, im Juni 1999
Thomas Estler

Einleitung

Die Geschichte des elektrischen Zugbetriebes ist untrennbar mit elektrischen Triebwagen verknüpft, denn schon in den Kindertagen der Elektrizität sorgten Triebwagen und nicht Lokomotiven für die rasche Verbreitung der neuen Antriebstechnik. Grundsätzlich sind Triebwagen Fahrzeuge, die neben ihrer Antriebseinrichtung auch Nutzlast, also Personen und/oder Güter befördern können. Triebwagen waren für die Anwendung der elektrischen Energie besonders geeignet, weil die elektrische Ausrüstung mit schaltungstechnisch leicht zu kombinierenden Fahrmotoren relativ bequem auf mehrere Achsen oder fest gekuppelte Wagen verteilt werden konnte. Vorteile waren und sind hohe Beschleunigungs- und Bremswerte, optimale Ausnutzung des zur Verfügung stehenden Platzes, da die »Lokomotive« entfällt, schnelle Fahrtrichtungsänderungen sowie ein problemloses Anpassen an die Verkehrsverhältnisse durch schnelles Kuppeln mehrerer Einheiten ohne aufwendige Rangiermanöver. In den Anfängen des elektrischen Triebwagenbetriebs dominierte der Gleichstrom, da er besser beherrschbar war, doch schon bald zogen Dreh- und Wechselstrom nach. Der Siegeszug elektrischer (Gleichstrom-)Triebwagen war nicht mehr aufzuhalten, vor allem elektrische Straßenbahnen breiteten sich »wie ein Steppenbrand« aus.

Im Gegensatz zum elektrischen Nahverkehr setzte sich bei der Fernstreckenelektrifizierung in Deutschland das Wechselstromsystem durch, dessen Ausbau zwischen den beiden Weltkriegen erheblich forciert wurde. Der elektrische Vorortbetrieb in Stuttgart mit seinen Wechselstrom-Triebwagen der Baureihe ET 65 war 1933 schließlich die Keimzelle der heutigen S-Bahn-Systeme mit Wechselstrom von 15 kV und 16,7 Hz. Damals (wie auch heute) waren vor allem wirtschaftliche Vorteile ausschlaggebend:

- Für einen S-Bahn- oder S-Bahn-ähnlichen Betrieb ist ein ausschließlich unabhängiges Gleis- und Stromnetz schon aus Kostengründen nicht anzustreben. Unabhängige Abschnitte sind nur auf dicht belegten, von mehreren Linien befahrenen Strecken, vor allem in Ballungszentren, erforderlich. In der Peripherie genügt normalerweise mit geringen Anpassungen das vorhandene Gleisnetz mit dem dann zwangsläufig entstehenden Mischbetrieb. Damit ist das gebräuchliche Wechselstromsystem von 15 kV und 16,7 Hz vorgegeben, so auch 1933 im Falle von Stuttgart durch die Fernbahnelektrifizierung von München her.
- Ein isoliertes S-Bahn-System mit Gleichstrom ist nicht zum Wechselstromnetz kompatibel und erfordert bei Mischbetrieb komplizierte Einrichtungen.
- Gleichstrom erfordert aufgrund höherer Spannungsverluste einen größeren Bedarf an Unterwerken und damit an externen Einrichtungen.
- Der Gleisbau ist beim Gleichstrom-Stromschienenbetrieb aufwendiger, vor allem im Winter ist das System störungsanfälliger.

Wenn damals auch nicht als S-Bahn bezeichnet, so wies der elektrifizierte Stuttgarter Vorortverkehr des Jahres 1933 schon viele Merkmale heutiger S-Bahn-Systeme auf. Die eigens hierfür entwickelten Triebwagen ET 65 fuhren im 20-Minuten-Takt, ermöglichten einen schnellen Fahrgastwechsel und boten attraktive Reisezeiten durch ein hohes Beschleunigungs- und Bremsvermögen sowie entsprechend kurze Halte- und Wendezeiten. Sie waren die ersten Wechselstromtriebzüge für 15 kV/16,7 Hz in größerer Stückzahl für einen S-Bahn-ähnlichen Verkehr. Sie markierten den Beginn heutiger Triebwagentechnik mit dem Allradantrieb des Triebwagens, der weitgehend unterflur eingebauten elektrischen Ausrüstung und der richtungsweisenden Größe der Einheiten als dreiteilige Grundeinheit mit entsprechendem Platzangebot. Die »Roten Heuler« von Stuttgart können mit Fug und Recht als Urahnen der heute gebräuchlichen S-Bahn-Triebzüge der Baureihe 420 bezeichnet werden. Die ET 65 standen 45 Jahre im harten Dauereinsatz, ein Wert, den Wechselstrom-Triebwagen im S-Bahn-Betrieb bis heute in Deutschland nicht mehr er-

Ausfahrt frei für ET 65 007 – fast ein halbes Jahrhundert waren die »Roten Heuler« aus Stuttgarts Nahverkehr nicht wegzudenken. Die Aufnahme entstand 1965. *Aufnahme: Jürgen Krantz*

Aus und vorbei: Gezeichnet vom nahen Ende wartet im Sommer 1978 der 865 614 im Stuttgarter Hauptbahnhof auf Ausfahrt. In den letzten Einsatzmonaten wurde die »eiserne Regel«, daß die Züge stets mit dem Triebkopf in Richtung Stuttgart zu fahren hatten, nicht mehr allzu streng eingehalten. *Aufnahme: Otto Blaschke*

reichten. Im Gegensatz zu ihren Nachfolgern waren sie allerdings vergleichsweise robust gebaut. Die 420er der ersten Jahre weisen heute, nach nicht einmal 30 Jahren Betriebseinsatz, erhebliche Verschleißerscheinungen auf.

Der ET 65 verschwand mit der Eröffnung des Stuttgarter S-Bahn-Netzes am 1. Oktober 1978 schlagartig aus dem Nahverkehr der Schwabenmetropole, der dichte Takt und die steilen Rampen der Tunnelstrecke unter der Stuttgarter Innenstadt hätten die Fahrzeuge überfordert. Mittlerweile stehen ihre Nachfolger, die S-Bahn-Triebwagen der Reihe 420, auch schon wieder vor der Ablösung. Mit der Baureihe 423 zieht die dritte Generation elektrischer Triebwagen in den Stuttgarter Nahverkehr ein und setzt damit eine große Tradition nahtlos fort.

An die »Roten Heuler« erinnern zwei erhalten gebliebene Fahrzeuge. Der ET 65 006 ist betriebsfähig und wird von Frankfurt aus eingesetzt, zu besonderen Anlässen jedoch kommt er noch immer hin und wieder in seine Heimat. Der ET 65 005 hingegen ist seiner angestammten Umgebung treu geblieben und steht in Stuttgart.

Die Elektrifizierung der Stuttgarter Vorortstrecken

Vorgeschichte

Bereits im März 1908 hielt Professor Veesenmeyer von der Technischen Hochschule Stuttgart im Württembergischen Elektrotechnischen Verein einen grundlegenden Vortrag über das Thema »Welche Vorteile bietet Württemberg der elektrische Betrieb seiner Staatsbahnen?«. Seit dieser Zeit fand der Gedanke der Elektrifizierung oder Elektrisierung, wie es damals hieß, keine Ruhe mehr. In den Jahren 1909 bis 1910 wurde im Württembergischen Landtag über diese Frage verhandelt und 1911 die damalige Generaldirektion der Württembergischen Staatseisenbahnen mit der Ausarbeitung einer

Übersicht über das elektrisch betriebene Eisenbahnnetz in Bayern und Württemberg, Stand 1933.

Abbildung: Sammlung Thomas Estler

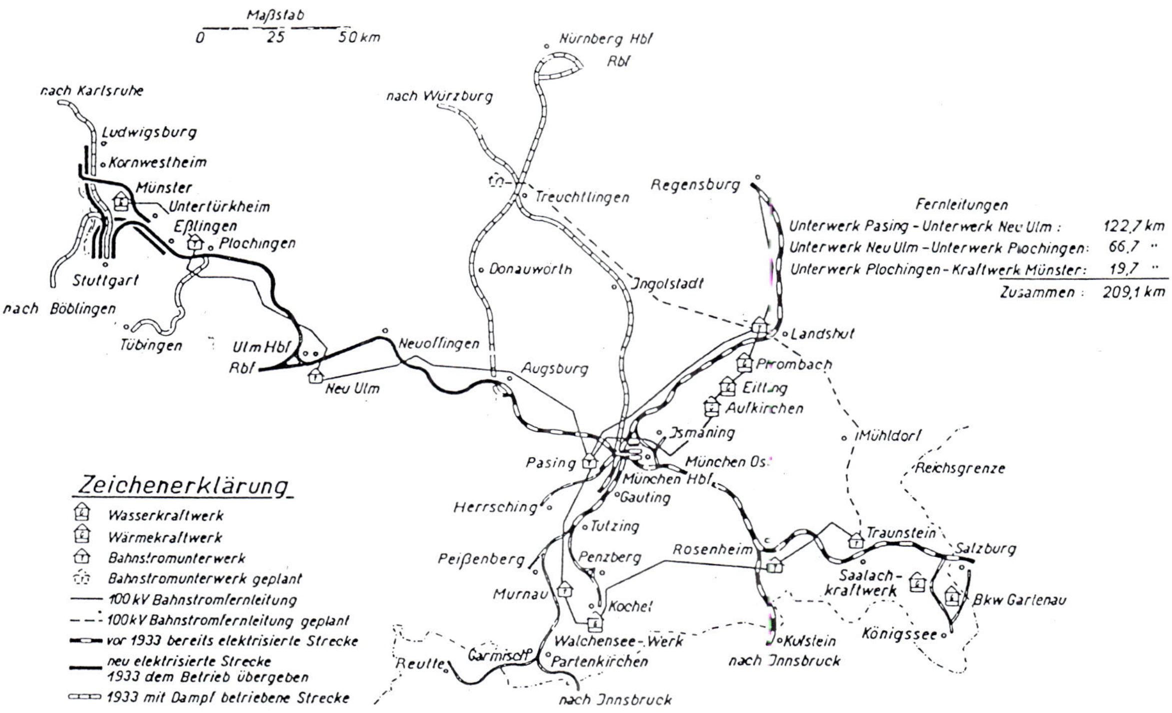

Denkschrift über die »Elektrisierung der Württembergischen Strecken und die Ausnützung der württembergischen Wasserkräfte zu diesem Zweck« beauftragt. Im Anschluß an den in Angriff genommenen Neubau des Stuttgarter Hauptbahnhofs und den viergleisigen Ausbau der Strecken nach Ludwigsburg und Esslingen war bereits an den elektrischen Betrieb dieser Vorortlinien gedacht. Die Untersuchung ergab jedoch, daß die bescheidenen württembergischen Wasserkräfte in keiner Weise ausreichten, um die entsprechenden großen Strommengen zu einem billigen Preis zu liefern. Auch die zu jener Zeit auf der neuen Versuchsstrecke Dessau–Bitterfeld gewonnenen Erfahrungen mit dem elektrischen Zugbetrieb waren nicht gerade ermutigend.

Zunächst ließ aber der Erste Weltkrieg alle diese Pläne schlummern. Nach seinem Ende hatten die Bahnverwaltungen alle Hände voll damit zu tun, die herabgewirtschafteten Anlagen wieder einigermaßen in Ordnung zu bringen und die Reparationsabgaben an Fahrzeugen zu erfüllen.

Die Gründung der Deutschen Reichsbahn-Gesellschaft zum 1. April 1920, der damit verbundene Übergang der Staatseisenbahnen in die Hoheit des Reiches sowie der zwischen 1922 und 1927 abgeschlossene Neubau des Hauptbahnhofes und der viergleisige Ausbau der Strecken nach Esslingen und Ludwigsburg schuf auch in Württemberg wesentlich bessere Voraussetzungen für die angestrebten Elektrifizierungen. Angeregt durch die inzwischen in der Schweiz gewonnenen günstigen Erfahrungen mit der elektrischen Betriebsform kamen nun wieder überall die Pläne für den elektrischen Zugbetrieb auf den Tisch. In Schlesien und Bayern wurden neue Strecken ausgerüstet und auch Baden entwarf Pläne zur Ausnutzung der großen Wasserkräfte zum Betrieb elektrischer Bahnen. Aus dieser Zeit stammen die schon etwas genauer umrissenen Pläne für die Einführung des elektrischen Zugbetriebs in Württemberg mit dem Grundgedanken, die billigen überschüssigen Wasserkräfte aus Bayern und Baden in das energiehungrige Württemberg zum Betrieb seiner regen Industrie und seiner wichtigsten Bahnlinien hineinzuführen. Konkret stand durch die Fertigstellung des bayerischen Walchenseekraftwerkes und der Kraftwerksgruppe »Mittlere Isar« unter Kapitalbeteilung der Reichsbahn genügend Kapazität zur Verfügung, um auch die geplanten Elektrifizierungen in Württemberg aus diesen Quellen zu versorgen.

Kennzeichnend für die Sachlage waren die prophetischen Worte, welche der damalige Reichsverkehrsminister Gröner bei der Eröffnung des ersten Teiles des neuen Stuttgarter Hauptbahnhofs im Herbst 1922 sprach:

»Wir dürfen uns mit der Vollendung des Bahnhofes in seiner Gesamtanlage nicht begnügen, sondern müssen vorwärts schauen! Wenn über dem Neckartal und über den schönen Hügeln Stuttgarts der elektrische Strom herrscht und der neue Bahnhof von Kohlenstaub und Ruß befreit sein wird, dann erst werden wir sagen dürfen, daß Großes erreicht wurde!«

Doch bis dahin war es noch ein weiter Weg. Nachdem die ersten technischen Probleme des elektrischen Zugbetriebs im wesentlichen überwunden und die Heranführung der erforderlichen Energiemengen grundsätzlich geklärt war, ergaben sich durch die Beschaffung des für die Betriebsumstellung erforderlichen Kapitals neue Schwierigkeiten. Die Finanzlage der Reichsbahn, auf der die schwere Bürde der Reparationen lastete, war so angespannt, daß sie außergewöhnlichen Belastungen nicht standhalten konnte. Größere Investitionen mußten damals von einer erträglichen Rendite abhängig gemacht werden. Schließlich erforderte schon damals die Elektrifizierung einer Strecke erhebliche Aufwendungen nicht nur für die Anlagen der Stromerzeugung, -verteilung und -zuführung zu den Fahrzeugen sowie die Fahrzeuge selbst, sondern auch für eine ganze Reihe von Nebenarbeiten wie zum Beispiel die Verkabelung der Freileitungen, die Freimachung des Bügelprofils in Tunneln und Überbauten, die Verbesserung der Gleisanlagen aus Anlaß der höheren Fahrgeschwindigkeit und der Fahrleitungs-Festlegung .

Tatsächlich war aufgrund mangelnder Rentabilität in den Jahren 1927/28 sowohl in der Schweiz als auch in Österreich die Bahnelektrifizierung in eine Krise geschlittert, weil die Kohlenpreise gesunken, die Baupreise aber gestiegen waren.

Die in erschreckendem Maße zunehmende Arbeitslosigkeit im Deutschen Reich führte jedoch dazu, den Elektrifizierungsgedanken unter dem Gesichtspunkt einer nutzbringenden Arbeitsbeschaffung erneut zu prüfen. In Württemberg kam der entscheidende Anstoß durch die Württembergische Landesregierung. Zur Verbesserung der Verkehrsverhältnisse in der Umgebung von Stuttgart bot sie der Reichsbahn ein zinsgünstiges Darlehen an. Dieses Angebot traf in glücklicher Weise mit den Bemühungen der Reichsbahn zusammen, die ihr aus der Kapitalbeteiligung an den Bayerischen Wasserkraftwerken des Walchensees und an der mittleren Isar zustehenden Energiemengen unterzubringen. Diese überstiegen den damaligen Bedarf der elektrisch betriebenen Strecken Bayerns bei weitem.

Der Uebergang zum elektrischen Zugbetrieb in Württemberg

Reichsbahnoberrat Bretschneider hielt vor dem Württ. Bezirksverein Deutscher Ingenieure und dem Württ. Elektrotechnischen Verein einen aufschlußreichen Vortrag über den Uebergang zum elektrischen Zugbetrieb in Württemberg. Der Redner führte aus, daß der letzte Anstoß zur Elektrisierung in Württemberg von der früheren württembergischen Regierung gegeben worden sei, indem sie im Jahre 1930 durch die Hergabe eines billigen Darlehens der Reichsbahn die Inangriffnahme der Elektrisierung des Vorortsverkehrs von Stuttgart ermöglichte. Als besonders förderlicher Gesichtspunkt wurde die Verkehrsstärke auf der württembergischen Hauptbahn erwähnt, die auf der Strecke Ulm—Stuttgart 26 Prozent und auf der ganzen Hauptbahn von Ulm bis Bretten 42,5 Prozent des gesamten württembergischen Verkehrsaufkommens beträgt. Nur Strecken mit ähnlich starker Belegung können bei ganz billigem Strompreise mit wirtschaftlichem Erfolg betrieben werden. In Betrieb kommen 126 Kilometer Strecke in Württemberg und 85 Kilometer in Bayern, zusammen rund 211 Kilometer, davon entfallen auf die Vorortbahnen rund 27 Kilometer. Die Kosten, die ursprünglich mit 59 Millionen RM. angesetzt waren, sind durch Vereinfachungen auf 57 Millionen RM. herabgesetzt worden. Von den Gesamtkosten fallen etwa 30 Millionen auf die ortsfesten Anlagen und 17 Millionen auf die Fahrzeuge. Die Fernleitung, die für 110 000 Volt gebaut ist und von dem Bahnunterwerk Pasing bei München bis zum Städt. Elektrizitätswerk Münster bei Stuttgart verläuft, ist 209 Kilometer lang. Die Leitung wird in den nächsten Tagen unter Spannung gesetzt. Das Städt. Elektrizitätswerk Stuttgart erhält eine neue große Bahnstrommaschine von 6000 Kilowatt Nennleistung und 12 000 Kilowatt Spitzenleistung. In die Fernleitung sind zwischen Pasing und Münster zwei Unterwerke, bei Neu-Ulm und bei Plochingen, eingeschaltet. Sie sind ebenfalls nahezu fertig. Beide enthalten je drei große Transformatoren, die für 5000 bis 10 000 kVA. Leistung ausgelegt sind. Von den Unterwerken aus geht der Strom zu den Fahrleitungen. Der Fahrdraht liegt im allgemeinen in Höhe von rund 6 Meter über den Schienen und wird zur gleichmäßigen Abnützung des Stromabnehmerbügels der Triebfahrzeuge im Zickzack geführt. Die gesamte Gleislänge, die mit Fahrdraht ausgerüstet ist, beträgt in Württemberg 510 Kilometer, die vierfache elektrisch betriebene Streckenlänge. Diese große Zahl der überspannten Gleise rührt von den vielen großen Bahnhofsanlagen in Württemberg her. Das Tragwerk der Fahrleitung besteht aus Eisengittermasten. Insgesamt wurden in Württemberg 4600 Maste im Gewicht von 4000 Tonnen benötigt. Die Fertigstellung der Fahrleitung ist weit vorgeschritten, in der Hauptsache sind nur noch Anstricharbeiten an den Masten in größerem Umfange zu leisten. Von den bautechnischen Arbeiten sind besonders die Wegräumung der beiden Festungstunnel bei Ulm und der Neubau der großen Straßenbrücke (Blaubeurertorbrücke) in Ulm zu erwähnen. Vier schwere Brücken und zehn Fußgängerstege wurden gehoben und 20 Kilometer gesenkt.

Als Fahrzeuge kommen zwölf Schnellzugslokomotiven der AEG., die bereits bei der Reichsbahn vorhanden sind, zur Verwendung. Für den Personenzugsdienst kommen zwölf neue Lokomotiven mit vier angetriebenen Achsen ohne Laufachsen, die von den SSW. geliefert werden; für die schweren Güterzüge werden ältere Lokomotiven aus dem Jahre 1924 verwendet, die je sechs angetriebene Achsen haben. Die Schnellzug-Lokomotive leistet 3000 PS und wiegt 110 Tonnen, die Personenzug-Lokomotive hat 2500 PS und wiegt 78,5 Tonnen, die schwere Güterzug-Lokomotive hat 2000 PS. und wiegt 120 Tonnen. Außerdem kommen für den Vorortsverkehr noch 16 Trieb- und 12 Steuerwagen. Die Fahrzeiten zwischen Stuttgart und Ludwigsburg und von Stuttgart nach Eßlingen betragen 19 bis 20 Minuten bei Halt auf sämtlichen Zwischenstationen. Zur Kürzung der Halte sind in den neuen Wagen bequeme Aus- und Eingangstüren geschaffen worden. Die kurzen Aufenthaltszeiten bedingen, daß die Reisenden an der schnellen Abfertigung der Züge durch eigenhändiges Schließen der Türen Sorge tragen. Nach Ulm wird man künftig mit Schnellzügen in der Zeit von im Mittel 80 Minuten, ohne die Aufenthalte, fahren. Auch bei Personenzügen wird die Fahrzeit ohne die Aufenthaltszeiten im Mittel statt bisher 132 Minuten 106 Minuten betragen, also der Fahrzeit der jetzt laufenden Schnellzüge nahekommen. In den Steinhallen des Hbf. Stuttgart wird der Dampfbetrieb mit 55 Pro- aller Züge durch den elektrischen Betrieb ersetzt. Dabei wird der Vorortsverkehr mit allein rund 200 Zügen im Tag und 37 Prozent aller Züge beteiligt. Erwähnt sei noch, daß durch die Elektrisierung täglich 600 Arbeitslose beschäftigt werden konnten. Der elektrische Betrieb im Stuttgarter Nahverkehr und auch auf der Fernstrecke von Augsburg nach Ulm wird bestimmt mit dem Inkrafttreten des Sommerfahrplans am 15. Mai aufgenommen werden. Der Fernverkehr zwischen Ulm und Stuttgart soll einige Wochen später elektrisch aufgenommen werden.

Bericht der Kornwestheimer Zeitung im Mai 1933 über den Übergang zum elektrischen Zugbetrieb in Württemberg.

Abbildung: Sammlung Thomas Estler

Zur gleichen Zeit war die Elektrifizierung der Strecke München–Augsburg beschlossen worden. Eine aus Vertretern des Dampf- und elektrischen Betriebes zusammengesetzte Arbeitsgemeinschaft untersuchte die Wirtschaftlichkeit der Fortführung des elektrischen Zugbetriebes bis nach Stuttgart. Nach sehr sorgfältigen Ermittlungen schloß diese Arbeitsgemeinschaft unter Leitung von Ministerialdirektor Bergmann mit der Feststellung, daß sich das notwendige Anlagenkapital von 50,3 Millionen RM durch die erzielbaren Ersparnisse mit etwa 6 % verzinsen würde. Diese Verzinsung erschien ausreichend, um die Investition vertreten zu können. Nachdem sich überdies die »Deutsche-Gesellschaft für öffentliche Arbeiten« bereit erklärt hatte, aus Mitteln der Arbeitslosenfürsorge verlorene Zuschüsse und Darlehen zu einem günstigen Zinssatz herzugeben und nachdem das Reich bereit war, die Zinsen der Darlehen für die ersten fünf Jahre zu übernehmen, wurde Ende März 1931 der Entschluß zum Bau gefaßt. Zur Sicherstellung einer möglichst raschen Durchführung wurde eine »Oberste Bauleitung für die Elektrisierung Augsburg–Stuttgart« mit dem Sitz in Stuttgart geschaffen. Die Arbeiten begannen sofort mit der Beseitigung der Schwachstromleitungen entlang der Strecke Stuttgart–Ulm, wurden aber durch die Finanzkrise im Juli 1931 jäh unterbrochen. Erst nach vielen Bemühungen wurde Ende 1931 eine Möglichkeit zur Fortsetzung des Baues gefunden, indem es gelang, das aufzuwendende Kapital um etwa 25 % zu senken und die Lieferungen der drei großen Elektrofirmen AEG, SSW und BBC darlehensweise zu erhalten.

Planung und Bau

Die technische Seite bot demgegenüber verhältnismäßig geringe Schwierigkeiten, da die Betriebserfahrungen an anderer Stelle des Reiches voll zur Verfügung standen und die Bauformen sich allmählich zu verhältnismäßig großer Zuverlässigkeit entwickelt hatten. Arbeitskräfte und Baustoffe standen ohne jede Schwierigkeit in kürzester Frist zur Verfügung und auch große Bauten ließen sich problemlos nach genau ausgearbeiteten Bauprogrammen durchführen.

Der Planung lagen die schon seit Jahren von der Reichsbahndirektion Stuttgart, insbesondere von Professor Bretschneider, sehr sorgfältig durchgeführten Vorarbeiten zu Grunde. In erster Linie handelte es sich um die Elektrifizierung der Vorortstrecken Stuttgart–Ludwigsburg und Stuttgart–Esslingen bzw. Plochingen. Als Fernstrecke kam zunächst nur die Strecke Ulm–Stuttgart in Frage, die ungewöhnlich stark belastet war. Ferner waren auf dieser Strecke erhebliche Steigungen zu überwinden, deren Bewältigung im Dampfbetrieb umständlich war. Erst in zweiter Linie wurde an die Fortsetzung der Elektrifizierung nach Tübingen gedacht, wo ebenfalls reger Verkehr herrschte.

Kraftquellen

Die Fernstrecke Ulm–Stuttgart sollte aus den überschüssigen Wasserkräften Bayerns versorgt werden. Neue Investitionen waren daher nicht erforderlich. Die Versorgung erfolgte aus den bekannten bayerischen Kraftwerken, dem Walchenseekraftwerk und der Kraftwerksgruppe »Mittlere Isar«.

Zur Sicherung des Energiebedarfs der Vorort-Elektrifizierung mußte im Dampfkraftwerk Stuttgart eine neue Dampfturbine installiert werden. Diese Turbine wurde von der Firma BBC geliefert und war insofern bemerkenswert, als sie in Anpassung an die ungewöhnlichen Bahnverhältnisse ein großes Übersetzungsgetriebe und eine ungewöhnliche Überlastungsfähigkeit aufwies. Sie wurde planmäßig im Frühjahr 1933 in Betrieb genommen.

Fernleitung

Die 110 kV-Fernleitung zur Bahnstromversorgung wurde nach den Weisungen der Obersten Bauleitung durch die Firma BBC erstellt. Bemerkenswert ist die große Sicherheit, mit der die Leitung über die Schwäbische Alb geführt wurde. Die Beanspruchung der verdrehungsfreien Kupferseile, die im allgemeinen bei 16 kg/mm^2 lag, wurde hier auf 10 kg und der Mastabstand, der im allgemeinen bei 250 m liegt, hier auf 200 m verringert. Für den Fall eines Seilbruches infolge ungewöhnlicher Rauhreifbelastung wurden Schwenktraversen nach dem System der Firma BBC vorgesehen. Der Leitungsweg wurde unter sorgfältiger Berücksichtigung des Natur- und Heimatschutzes gewählt und fügte sich recht gut in das Landschaftsbild ein.

Die Arbeiten begannen im Sommer 1932 und wurden mit allen Mitteln, zum Teil sogar mit Nachtarbeit so gefördert, daß die Leitung rechtzeitig im Frühjahr 1933 unter Spannung gehen konnte. Ein bedeutsamer Augenblick war, als der bayerische Teil der Leitung mit dem württembergischen durch die Donaukreuzung am 18. Januar 1933 verbunden wurde. Feierlich wurde dieser Staatsakt mit den bauleitenden Herren durch das Hissen der Landesflaggen begangen.

Umspannwerke (Unterwerke)

Die beiden für die Strecke Augsburg–Stuttgart notwendigen Unterwerke in Neu-Ulm und Plochingen wurden durch die Firma AEG entworfen und gebaut. Anzumerken ist, daß sowohl der 110 kV- als auch der 15 kV-Teil in Freiluftausführung gebaut wurde. Diese Bauweise wurde später nicht mehr gewählt, weil sich die Unterbringung des 15 kV-Teiles in einem geschlossenen Raum als vorteilhafter erwies. Desweiteren wurde ein fahrbares Unterwerk vorgesehen. Der Bau des in Plochingen stehenden Werkes wurde in rund einem Jahr reibungslos durchgeführt.

Fahrleitung

Die vielfachen Betriebserfahrungen an anderer Stelle hatten damals bereits zu einer Art Einheitsfahrleitung geführt, die man ohne nennenswerte Veränderungen für den vorliegenden Bau übernehmen konnte. Die Masten wurden Anfang 1932 bestellt. Nach sechs Wochen begannen die ersten Lieferungen und danach sofort die Aufstellung. Im Frühjahr 1933 konnten die Anlagen nacheinander unter Spannung gesetzt werden. Man bemühte sich, ansehnliche Bauwerke wie die Donaubrücke in Ulm und die Neckarbrücke bei Cannstatt durch die Fahrleitungsanlagen möglichst wenig zu entstellen. Um die Wappen zu schonen, hatte man zum Beispiel in Ulm eine schwierige Mastgründung in Kauf genommen. Verschiedentlich war das Stellen der Masten mit erheblichen Schwierigkeiten verknüpft, so wurde z.B. ein großer Querseilmast in einen Güterschuppen hineingestellt.

Bautechnische Arbeiten

Für die Elektrifizierung der Strecken war eine Reihe von recht kostspieligen Vorarbeiten nötig. Insbesondere mußten alle entlang der Strecke laufenden Fernmeldefreileitungen entfernt werden, da andernfalls bedenkliche Störungen zu erwarten waren. Neue Fernmeldekabel (insgesamt 575 km) wurden entlang der Strecke Stuttgart–Ulm verlegt.

Für den elektrischen Betrieb ist außerdem zur Unterbringung der Fahrleitungsanlage und der Bügel ein im oberen Teil etwas erweitertes Lichtraumprofil erforderlich, das auf Dampfstrecken nicht überall vorhanden ist. Die notwendige Höhe und Breite wird in der Regel durch Hebung der betreffenden Bauwerke oder Senkung der Gleise geschaffen. Aus diesem Grund mußten auf der Strecke Stuttgart–Ulm vier schwere Brücken und vier Fußgängersteige gehoben und an 18 Stellen die Gleise auf einer Gesamtlänge von 20 km gesenkt werden. Der Festungstunnel bei Ulm wurde ganz abgebrochen und durch einen neuen Überbau ersetzt. Ebenso wich die Blaubeurer-Tor-Brücke in Ulm einem neuen, formschönen Bauwerk.

Auf einer großen Zahl von Bahnhöfen mußten die Bahnsteigdächer gekürzt oder geändert werden, unter anderem auch auf dem Stuttgarter Hauptbahnhof.

Stuttgart-Salzburg elektrisch

Feierliche Eröffnung des elektrischen Betriebs Stuttgart-Augsburg

* Zu den drei Streckenbereichen in Schlesien, Mitteldeutschland und Bayern, auf denen die Deutsche Reichsbahngesellschaft elektrischen Fernzugbetrieb durchführt, trat am Dienstag mit der Eröffnung des elektrischen Verkehrs auf der Strecke Augsburg-Ulm-Stuttgart ein vierter Bereich in Schwaben. 80 Jahre hat die Dampflokomotive den Verkehr auf dieser Strecke beherrscht. Im April 1931 hat die Deutsche Reichsbahngesellschaft die Elektrisierung der Strecke Augsburg-Stuttgart in Angriff genommen und mit einem Aufwand von 52 Millionen Mark jetzt ein großes, bedeutsames Werk vollendet. Die zahlreichen Linienverbesserungen sollen die Erhöhung der Fahrgeschwindigkeit ermöglichen, die Bahnhofverbesserungen bezwecken eine günstigere Gestaltung der Betriebs- und Verkehrsverhältnisse. Die jetzt elektrische Strecke Augsburg-Ulm ist ein rund 180 Kilometer langes Teilstück der für den zwischenstaatlichen Verkehr bedeutungsvollen Ost-Westlinie Wien-München-Paris. Der deutsche Abschnitt dieser Linien von Salzburg bis Kehl hat eine Länge von 560 Kilometer, hiervon sind nunmehr 393 Kilometer, nämlich die Strecke von Salzburg bis Stuttgart, das sind rund 70 Prozent, in den elektrischen Betrieb überführt.

Zur Eröffnung des elektrischen Betriebs Augsburg-Stuttgart hatten die Gruppenverwaltung Bayern in München und die Reichsbahndirektionen Augsburg und Stuttgart Einladungen ergehen lassen.

Die Stuttgarter Gäste, darunter Ministerpräsident Mergenthaler, Finanzminister Dr. Dehlinger, Staatsrat Dr. Lehnich, Reichsbahndirektionspräsident Dr. Sigel, Staatssekretär a. D. Stieler, Generalmajor Brandt vom Wehrkreiskommando 5, Polizeigeneral Schmidt, Staatskommissar Dr. Strölin, Vertreter sonstiger Behörden und der Presse begaben sich um 9 Uhr mit

Sonderzug nach Ulm

Die mit Wimpeln und Tannengrün festlich geschmückte elektrische Maschine brachte den Zug in einer Stunde 21 Minuten sehr schnell nach Ulm. Besonders rasch wurde die Geislinger Steige überwunden, die die Maschine ohne Hilfe einer Schubmaschine bewältigte. Auf den Zwischenstationen stiegen weitere Vertreter von Behörden ein. Bei der Durchfahrt durch Süßen ertönten Böllerschüsse, und die Schuljugend, die am Bahnhof Aufstellung genommen hatte, winkte dem Sonderzug zu.

In Ulm

wurden die Gäste von den Ulmer Behörden und einem Marsch einer SA.-Kapelle feierlich empfangen. Kurz nach der Ankunft des Stuttgarter Zuges traf auch der Sonderzug aus München mit den Münchner und Augsburger Gästen ein, darunter die bayrischen Staatsminister Esser und Graf v. Quadt, ferner Ministerialdirektor Knaut vom Reichsverkehrsministerium, Direktor Anger von der Reichsbahngesellschaft und sonstige Herren. Auf dem Bahnsteig I des Bahnhofs Ulm begrüßte der Präsident der Reichsbahndirektion Stuttgart

Dr. Sigel

die Gäste, besonders die Vertreter der Reichsregierung, der Staatsregierungen von Bayern und Württemberg, die Behörden der beteiligten Städte, der Verwaltungskörperschaften der Wirtschaft, die Beamten und Arbeiter, und dankte allen, die am Zustandekommen des großen Werkes mitgewirkt haben. Wir württ. Eisenbahner, so betonte Dr Sigel weiter, wollen unseren bayrischen Kollegen, mit denen uns bisher der Dampf, manchmal sogar der Heißdampf verbunden hat, die Hand entgegenstrecken, elektrisiert von dem

Gedanken der deutschen Einheit

auch auf dem Gebiet des Verkehrs und vereint in dem Glauben an die Volksgemeinschaft aller Stämme. Wenn wir früher sagten: Mit Volldampf voran!, so dürfen wir heute ohne Rauch und Ruß sagen: Mit Vollkraft voran!

Den Willkomm der Stadt Ulm überbrachte Staatskommissar Förster, der zugleich allen Instanzen für die reibungslose Zusammenarbeit mit der Stadt Ulm dankte. Die Stadt Ulm habe das Bedürfnis, sich nicht als württ. Grenzstadt zu fühlen, sondern mit Neu-Ulm und Bayern engste Beziehungen zu pflegen. — Für die Gruppenverwaltung Bayern sprach Reichsbahndirektor Dr. Friedel-München, der seiner Freude Ausdruck gab, daß jetzt auch die elektrische Linie Ulm-Stuttgart der süddeutschen Gruppe elektrisch betriebener Reichsbahnstrecken angegliedert wird, wobei er die Hoffnung aussprach, daß die Elektrifizierung der Strecke Stuttgart-Kehl bald folgen werde. Mit dem gemeinsamen Gesang des Deutschlandliedes schloß die kurze Feier.

Anschließend begaben sich die Gäste zur Besichtigung der Ulmer Bahnanlagen, besonders der Blaubeurer Brücke, der ein Rundgang durch die Stadt mit einer Besichtigung des Münsters folgte. Nach einem Mittagessen in den Wirtschaftsräumen des Ulmer Hauptbahnhofs fuhren die württ. und bayrischen Gäste um 1.45 Uhr mit dem Sonderzug nach Stuttgart zurück, wo sich eine weitere Feier anschließen wird.

Bericht der Kornwestheimer Zeitung über die feierliche Eröffnung des elektrischen Betriebes auf der Strecke Stuttgart–Augsburg.

Abbildung: Sammlung Thomas Estler

Im Hinblick auf die hohen Fahrgeschwindigkeiten und die nach Überspannung mit Fahrleitungen größeren Kosten und Unannehmlichkeiten wurde außerdem eine Reihe von Linienverbesserungen, insbesondere auf den Bahnhöfen Süssen und Geislingen durchgeführt, die eine nahezu völlige Umgestaltung dieser Bahnhöfe mit sich brachte.

Zur Unterbringung der elektrischen Lokomotiven wurden besondere Schuppenanlagen in Ulm, Stuttgart und Kornwestheim geschaffen.

Für die neu zu beschaffenden elektrischen Triebwagen der Baureihe elT 12 (ET 65) mit ihren Steuer- und Beiwagen wurde in Esslingen ein bescheidener einständiger (erst 1938/39 zweiständig) Holzschuppen mit den notwendigsten Behandlungsanlagen als Außenstelle des Bw Stuttgart-Rosenstein errichtet.

Ein Neubau in Stuttgart war durch die vollständige Auslastung des Abstellbahnhofes sowie des Bw Rosenstein nicht möglich. Für die Ausbesserung der Triebwagen wurde das RAW Esslingen bestimmt, die Steuer- und Beiwagen fielen dagegen in den Zuständigkeitsbereich des RAW Stuttgart-Bad Cannstatt.

Sonstige Änderungen

Um genügend Abstand von den Hochspannungsleitungen zu bekommen, mußten zahlreiche Signale versetzt oder verlängert und die Starkstromfreileitungen zum größten Teil entfernt und verkabelt werden. Die Leuchten wurden zum Teil an den Fahrleitungsmasten angebracht. Insgesamt wurden rund 190 km Starkstromkabel verlegt.

Zusammenfassung

Die Durchführung des Baues erfolgte ohne nennenswerte Schwierigkeiten in erstaunlich kurzer Zeit. Den größten Anteil an den Aufwendungen hatten naturgemäß die Fahrleitungen, die baulichen Änderungen und die Verkabelung der Fernmeldeleitungen. Insgesamt wurden für die Elektrifizierung der Vorortstrecken und der Hauptstrecke Stuttgart–Augsburg rund 250000 Personentage aufgewendet. Bezogen auf die 16-monatige Bauzeit waren dies rund 600 Arbeitskräfte ständig und vorübergehend sogar 1200. Davon wurden etwa 70 % in Württemberg selbst beschäftigt, rund die doppelte Zahl arbeitete für den gleichen Zweck in verschiedenen Fabriken des Reiches.

Anforderungsprofil und Zugbildung der neuen Vororttriebwagen

Ende der zwanziger Jahre unterschied sich das Nachfrageverhalten im Stuttgarter Vorortverkehr grundsätzlich nicht von dem anderer Großstädte in Deutschland: Charakteristisch war auch hier der große Andrang bei Arbeitsbeginn und -schluß von Betrieben, Geschäften, Behörden und Schulen sowie die relativ schwache Nachfrage in den Zwischenzeiten.

Ein wesentlicher Unterschied zu anderen Großstädten war aber vorhanden: In Stuttgart war die Häufung des Verkehrs auf den Hauptbahnhof als zentralem Zielort deutlich weniger stark ausgeprägt als in anderen Städten. Dies hängt mit der topographischen Lage der Stadt zusammen, denn der Talkessel von Stuttgart hatte nur ein begrenztes Aufnahmevermögen. So waren vor allem die Indu-

Die neuen Züge entstehen: Aufsetzen des Wagenkastens eines Motorwagens auf die Triebdrehgestelle in der Maschinenfabrik Esslingen. *Aufnahme: Werkfoto ME, Sammlung Thomas Estler*

striebetriebe gezwungen, sich an den nach außen führenden Verkehrsachsen anzusiedeln. Ende der zwanziger Jahre befanden sich die Betriebe mit den höchsten Beschäftigungszahlen im Neckartal zwischen Stuttgart und Esslingen sowie Stuttgart und Kornwestheim. Zu Zeiten des Berufsverkehrs war so auf fast allen Bahnhöfen ein gleichmäßiger Zu- und Abgang von Fahrgästen zu verzeichnen, was zu einer annähernd gleichstarken Zugbesetzung über den ganzen Abschnitt Esslingen–Ludwigsburg führte.

Nachdem der Beschluß zur »Elektrisierung« einmal gefaßt war, ging man daran, für den bis dahin dampfgeführten Vorortverkehr Stuttgarts neue, elektrische Züge zu entwickeln. Aufgrund des planmäßigen Kopfmachens in Stuttgart Hbf bei allen Zügen drängte sich der Einsatz von Triebwagen geradezu auf. Für die Auslegung der neuen elektrischen Triebfahrzeuge waren insbesondere die Streckenverhältnisse ausschlaggebend. Die beträchtlichen Höhenunterschiede von bis zu 80 m erforderten von vornherein starke Triebfahrzeuge.

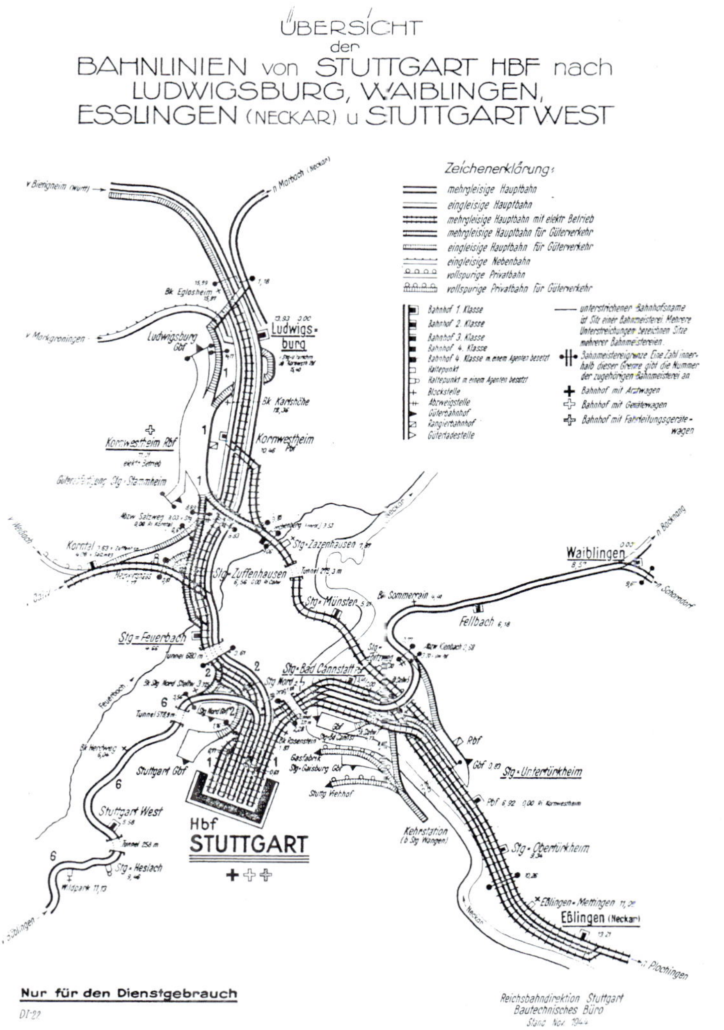

Übersicht über die Stuttgarter Vorortlinien. Die Ballung der Industrieansiedlungen entlang der Strecke Ludwigsburg–Stuttgart Hbf–Esslingen sorgte für ein gleichmäßiges Fahrgastaufkommen, was bei der Konzeption der neuen Vorortzüge berücksichtigt werden mußte.
Abbildung: Sammlung Thomas Estler

Die Haltestellenabstände auf der zu elektrifizierenden Vorortstrecke Esslingen–Ludwigsburg schwankten zwischen 1,73 und 3,97 km, der mittlere Haltestellenabstand lag bei 2,7 km, so daß die Fahrzeuge ein gutes Spurtvermögen aufweisen sollten.

Neigungs- und Krümmungsverhältnisse der Strecke hätten beim elektrischen Betrieb theo-

Lieferliste ET 65

Betriebsnr. ab 1940	ursprüngl. Nummer	Hersteller	Fabrik-nummer	Baujahr	Kosten in RM	Anlieferung	Abnahme	Abnahme-RAW
ET 65 001	elT 1201	ME/BBC	18796	1933	177.500	28.01.33	30.01.33	Dessau
ET 65 002	elT 1202	ME/BBC	18797	1933	177.500	28.01.33	30.01.33	Dessau
ET 65 003	elT 1203	ME/BBC	18798	1933	177.500	02.03.33	04.03.33	Dessau
ET 65 004	elT 1204	ME/BBC	18799	1933	177.500	02.03.33	04.03.33	Dessau
ET 65 005	elT 1205	ME/BBC	18800	1933	177.500	15.03.33	17.03.33	Dessau
ET 65 006	elT 1206	ME/BBC	18801	1933	177.500	15.03.33	17.03.33	Dessau
ET 65 007	elT 1207	ME/BBC	18802	1933	177.500	23.03.33	17.06.33	Dessau
ET 65 008	elT 1208	ME/BBC	18803	1933	177.500	23.03.33	25.03.33	Dessau
ET 65 009	elT 1209	ME/BBC	18804	1933	177.500	21.04.33	14.07.33	Esslingen
ET 65 010	elT 1210	ME/BBC	18805	1933	177.500	21.04.33	14.07.33	Esslingen
ET 65 011	elT 1211	ME/BBC	18806	1933	177.500	04.05.33	25.08.33	Esslingen
ET 65 012	elT 1212	ME/BBC	18807	1933	177.500	12.05.33	25.08.33	Esslingen
ET 65 013	elT 1213	ME/BBC	18808	1933	177.500	02.06.33	25.08.33	Esslingen
ET 65 014	elT 1214	ME/BBC	18809	1933	177.500	29.06.33	25.08.33	Esslingen
ET 65 015	elT 1215	ME/BBC	18810	1933	177.500	07.07.33	25.08.33	Esslingen
ET 65 016	elT 1216	ME/BBC	18811	1933	177.500	23.07.33	17.10.33	Esslingen
ET 65 017	elT 1217	ME/BBC	18965	1935	177.500	17.12.35	18.12.35	Esslingen
ET 65 018	elT 1218	ME/BBC	19189	1937	188.461	08.03.37	13.03.37	Esslingen
ET 65 019	elT 1219	ME/BBC	19190	1937	188.461	22.03.37	25.03.37	Esslingen
ET 65 020	elT 1220	ME/BBC	19191	1937	188.461	16.04.37	26.04.37	Esslingen
ET 65 021	elT 1221	ME/BBC	19192	1937	188.461	21.05.37	28.05.37	Esslingen
ET 65 022	elT 1222	ME/BBC	19242	1939	190.976	20.03.39	23.03.39	Esslingen
ET 65 023	elT 1223	ME/BBC	19243	1939	190.976	01.04.39	13.04.39	Esslingen
ET 65 024	elT 1224	ME/BBC	19244	1939	190.976	24.04.39	27.04.39	Esslingen
ET 65 025	elT 1225	ME/BBC	19245	1939	190.976	22.05.39	24.05.39	Esslingen

retisch eine Höchstgeschwindigkeit von 85 bis 90 km/h zugelassen. Für die ersten Jahre war die Höchstgeschwindigkeit der Züge jedoch auf 75 km/h beschränkt, da zu Beginn des elektrischen Vorortverkehrs in Stuttgart das Reichsverkehrsministerium keine höhere Geschwindigkeit bei geschobenen Zügen zuließ.

Bei der Zugbildung entschied man sich für die Betriebsweise mit Trieb-, Steuer- und Zwischenwagen. Zwar hatte man zeitweise auch daran gedacht, in der Reihung ET-EB/EB-ET zu fahren, doch stellte sich heraus, daß den Anforderungen der Strecke auch ein ET alleine genügte, so daß diese Pläne nicht weiterverfolgt wurden. Als kleinste Einheit im Regelbetrieb war die Zusammenstellung Triebwagen-Beiwagen-Steuerwagen vorgesehen. Mehrfachtraktion von bis zu drei Einheiten war möglich, um entsprechend flexibel auf die jeweiligen Verkehrsbedürfnisse reagieren zu können. Zugelassen war auch ein Einsatz ohne Beiwagen. Der Triebwagen konnte jedoch nicht als Solofahrzeug verkehren.

Diese Bedingungen erforderten eine Neuentwicklung von Trieb- und Steuerwagen. Die Deutsche Reichsbahn beauftragte die Maschinenfabrik Esslingen (ME) mit Entwurf und Herstellung der Fahrzeuge. Die elektrische Ausrüstung wurde von Brown, Boveri & Cie. AG in Mannheim (BBC) geliefert und in den Werkstätten der ME eingebaut. Als Zwischenwagen verwendete man Vorortwagen neuester Bauart, die sich in ihrer Ausführung an die Gestaltung der schon von der Württembergischen Staatsbahn besonders für den Vorortverkehr entwickelten Wagen anlehnten. Dabei handelte es sich um paarweise kurzgekuppelte Wagen (Doppelwagen) mit verhältnismäßig großem Fassungsvermögen, einer bequemen Anordnung von Stehplätzen sowie reichlich vorhandenen Ein- und Ausstiegstüren. Bei Fahrgästen waren diese Wagen wegen ihrer Sitzplatzeinteilung und Inneneinrichtung

Lieferliste ES 65

Betriebsnr. ab 1940	ursprüngl. Betriebsnr.	Betriebsnr. ab 01.01.68	Hersteller	Fabrik-Nr.	Baujahr	Kosten in RM	Anlieferung	Abnahme	z-Stellung	Ausmusterung	Verbleib
ES 65 001	elS 2201	865 601-9	ME/BBC	18828	1933	81.900			02.10.78	31.05.79	
ES 65 002	elS 2202	865 602-7	ME/BBC	18829	1933	81.900			01.06.78	27.07.78	
ES 65 003	elS 2203	865 603-5	ME/BBC	18830	1933	81.900			02.10.78	31.05.79	
ES 65 004	elS 2204	865 604-3	ME/BBC	18831	1933	81.900			02.10.78	31.01.80	++ AW Ka 1980
ES 65 005	elS 2205	865 605-0	ME/BBC	18832	1933	81.900			01.08.77	25.08.77	
ES 65 006	elS 2206	865 606-8	ME/BBC	18833	1933	81.900			02.10.78	31.01.80	Museumsfzg. DB
ES 65 007	elS 2207	865 607-6	ME/BBC	18834	1933	81.900			02.10.78	31.05.79	
ES 65 008	elS 2208	865 608-4	ME/BBC	18835	1933	81.900			01.03.76	26.10.78	++ AW Ct 1979
ES 65 009	elS 2209	-	ME/BBC	18836	1933	81.900			-	02.06.44	KV im RAW Ct
ES 65 010	elS 2210	865 610-0	ME/BBC	18837	1933	81.900			02.10.78	31.05.79	
ES 65 011	elS 2211	865 611-8	ME/BBC	18838	1933	81.900			02.10.78	31.01.80	t. Landesm. BW
ES 65 012	elS 2212	-	ME/BBC	18839	1933	81.900			13.07.61	31.01.62	Unfall Essl.
ES 65 013	elS 2213	865 613-4	ME/BBC	18904	1933	81.900			02.10.78	31.05.79	
ES 65 014	elS 2214	865 614-2	ME/BBC	18905	1934	81.900			27.04.78	01.07.78	++ AW Ka 09.79
ES 65 015	elS 2215	865 615-9	ME/BBC	18966	1935	81.900			02.10.78	31.05.79	
ES 65 016	elS 2216	865 616-7	ME/BBC	18967	1935	81.900			01.03.78	01.07.78	
ES 65 017	elS 2217	865 617-5	ME/BBC	19246	1938	73.593	13.09.38	24.09.38	01.03.77	25.08.77	
ES 65 018	elS 2218	-	ME/BBC	19247	1938	73.593	13.09.38		-	29.11.44	Unfall Zuffenh.
ES 65 019	elS 2219	865 619-1	ME/BBC	19248	1938	73.593	13.09.38		02.10.78	31.05.79	
ES 65 020	elS 2220	-	ME/BBC	19249	1938	73.593	03.10.38		-	02.06.44	KV im RAW Ct
ES 65 021	elS 2221	865 621-7	ME/BBC	19250	1938	73.593	03.10.38		02.10.78	31.05.79	
ES 65 022	elS 2222	865 622-5	ME/BBC	19251	1938	73.593	18.10.38		02.10.78	31.01.80	++ AW Ka 1980
ES 65 023	elS 2223	-	ME/BBC	19252	1938	73.593	01.11.38		-	16.07.44	KV im RAW Ct
ES 65 024	elS 2224	865 624-1	ME/BBC	19253	1939	73.593	16.03.39		02.10.78	31.05.79	

Betriebsnr. nach Umbau	Umbau von	Betriebsnr. ab 01.01.68	Umbau durch	Umbaujahr	z-Stellung	Ausmusterung
ES 65 031	EB 51 04	865 631-6	EAW ES	1951	02.01.78	31.05.79
ES 65 032	EB 51 01	865 632-4	WMD/BBC	1955	02.01.78	31.05.79
ES 65 033	ES 51 11	865 633-2	AW Ct	1961	02.01.78	31.05.79
ES 65 034	ES 25 002	865 634-0	AW Ct	1962	01.02.77	24.02.77
ES 65 035	ES 25 011	865 635-7	AW Ct	1963	01.02.77	24.11.77

beliebt, der Betrieb schätzte die Türanordnung, welche einen schnellen Fahrgastfluß und damit rasche Zugabfertigung ermöglichte. Daher wurde auch die Raumaufteilung und Außengestaltung der Trieb- und Steuerwagen den württembergischen Doppelwagen angepaßt, so daß ein einheitliches Zugbild entstand. Gebaut wurden die zunächst als elT 12 bezeichneten Fahrzeuge zwischen 1932 und 1939 in mehreren Serien, die sich zum Teil erheblich voneinander unterschieden.

Die obenstehenden Tabellen zeigen die Bestandsentwicklung von Trieb- und Steuerwagen

Der wagenbauliche Teil

So dürften sich die elT 12 bei der Ablieferung präsentiert haben. Fertig zur Abnahme wartet eine Garnitur aus Trieb- und Steuerwagen im Hof der Maschinenfabrik Esslingen, die Farbgebung entspricht dem ab 1932 gültigen Reichsbahnschema.
Aufnahme: Werkfoto ME, Sammlung Thomas Estler, Kolorierung: Andreas Pflaum

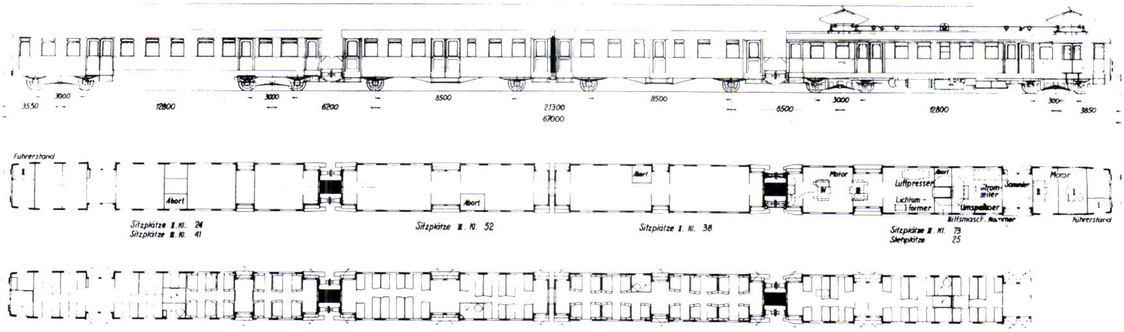

Grundkonfiguration und Innenraumaufteilung eines ET 65, bestehend aus Triebwagen, zweiteiligem Zwischenwagen und Steuerwagen. *Abbildung: BBC, Sammlung Thomas Estler*

Die Trieb- und Steuerwagen

Trieb- und Steuerwagen wurden nur mit einem Führerstand ausgestattet, da solo verkehrende Triebwagen im Betriebsprogramm nicht vorgesehen waren. Bei den Triebwagen der ersten (ET 65 001 – 017) und der zweiten Serie (ET 65 018 – 021) sowie bei den Steuerwagen der ersten Serie (ES 65 001 – 016) war der Führerstand unterteilt in Führer- und Begleiterraum. Der Führerraum war dabei durch eine Trennwand mit Schiebetür vom Begleiterraum abgeteilt. Bei unbesetztem Führerstand konnte der Begleiterraum auch von Fahrgästen benutzt werden.

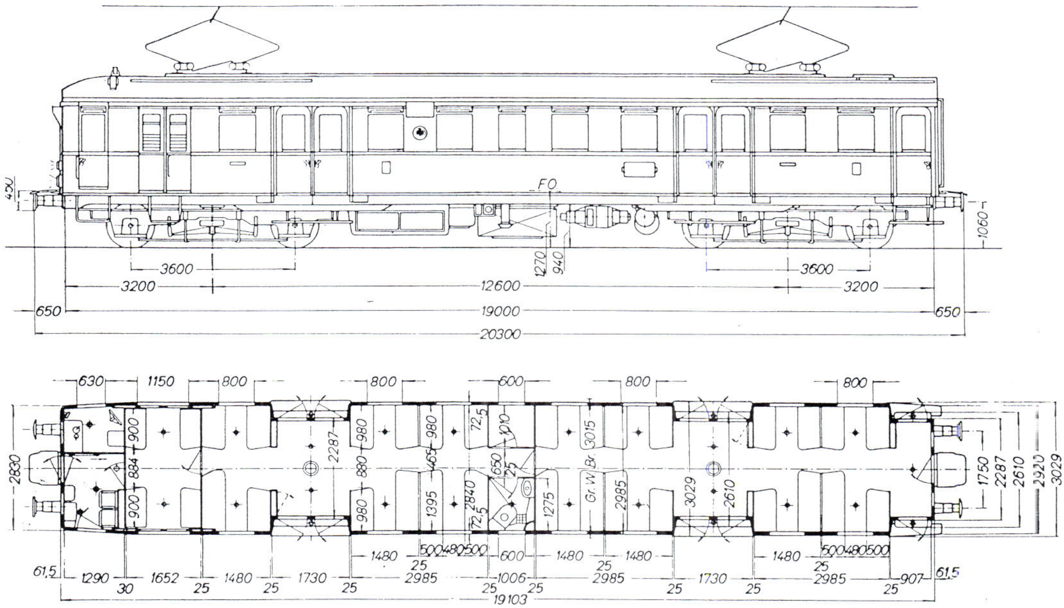

Maßzeichnung der ET 65 001-017 (1. Serie). *Abbildung: Sammlung Thomas Estler*

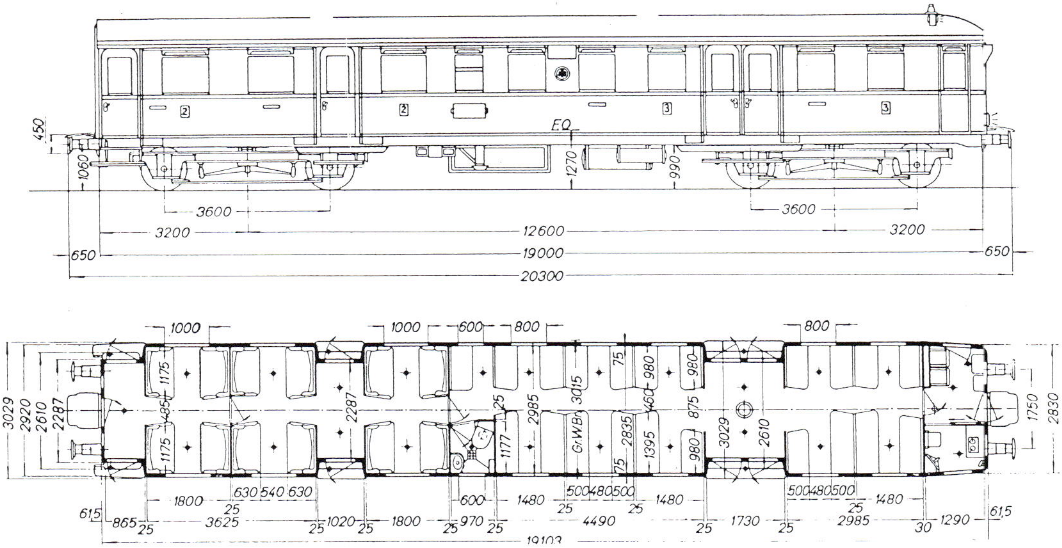

Maßzeichnung der Steuerwagen ES 65 001-016 (1. Serie). *Abbildung: Sammlung Thomas Estler*

Die Trennung in Führer- und Begleiterraum entfiel bei den Triebwagen der dritten (ET 65 022 – 025) und den Steuerwagen der zweiten Bauserie (ES 65 017 – 024). Sowohl Trieb- als auch Steuerwagen der ersten Bauserie waren mit Stirnwandtüren, Übergangsbrücken und Scherengittern versehen, um dem Zugbegleitpersonal den Übergang in die nächste Einheit zu ermöglichen. Ab der

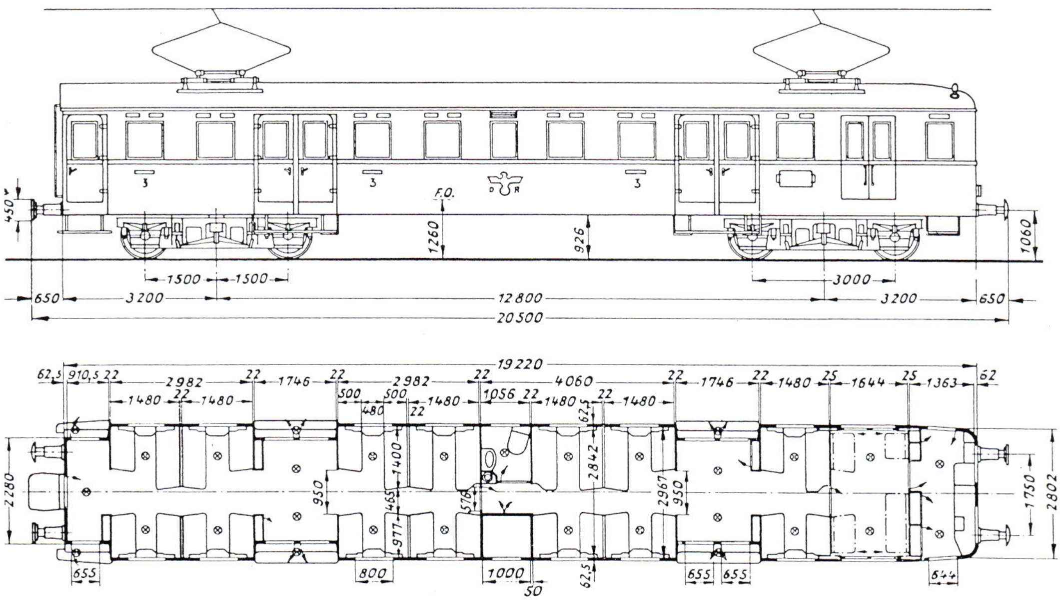

Maßzeichnung der ET 65 022-025 (3. Serie). *Abbildung: Sammlung Thomas Estler*

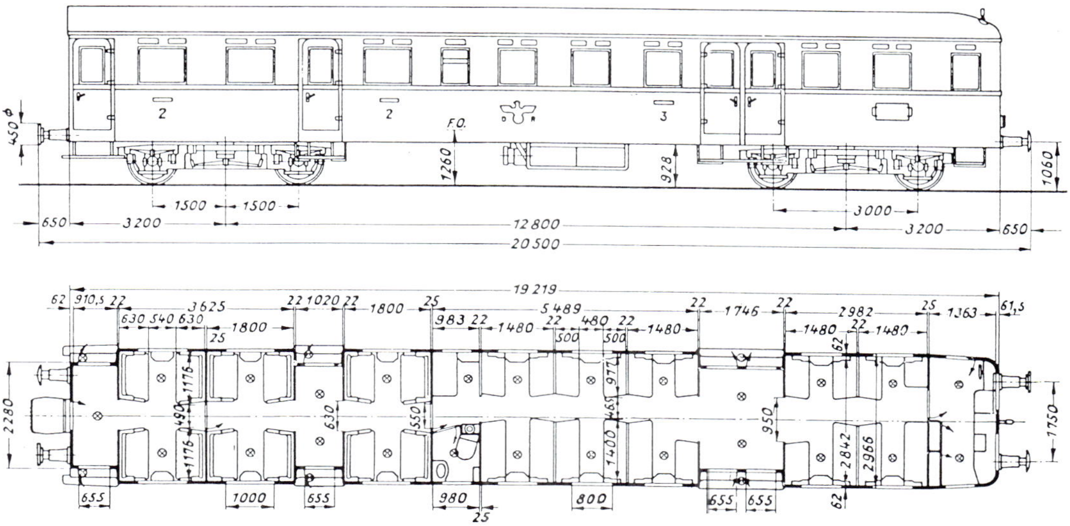

■ **Maßzeichnung der Steuerwagen ES 65 017-024 (2. Serie).** *Abbildung: Sammlung Thomas Estler*

zweiten Bauserie (Trieb- und Steuerwagen) wurde auf diese Übergänge verzichtet.

Die weitere Innenraumaufteilung war bei allen Bauserien identisch. Bei den Triebwagen folgte auf den Führerstand ein Gepäckraum, der über Doppelschiebetüren in den Seitenwänden zugänglich war. Mit Klappsitzen ausgestattet, konnte auch dieser Raum bei großem Andrang für die Personenbeförderung freigegeben werden. Zwei Großräume (Raucher und Nichtraucher) mit einer Sitzplatzteilung von 2+3 boten zusammen mit den Klappsitzen im Gepäckabteil insgesamt 73 Sitzplätze der 3. Wagenklasse. Dazu kamen noch 57 Stehplätze. In der Mitte des Wagens befand sich eine Toilette, ihr gegenüber die Hilfsmaschinenkammer mit den wichtigsten Teilen der elektrischen Steuerung wie Steuermaschine, Richtungswender, Ölschalter, Hochspannungskabel, Bügelsteuerung usw.

Die Steuerwagen waren in ihren Grundabmessungen, ihrer Raumteilung sowie in der Anlage ihrer Ein- und Ausstiegstüren weitgehend identisch aufgebaut. Hinter dem Führerstand war lediglich das Gepäckabteil entfallen. Dafür waren aber neben dem Großraum der 3. Klasse mit 49 Sitz- und 48 Stehplätzen auch 24 Plätze der 2. Wagenklasse vorhanden.

■ **Fahrgastraum 3. Klasse im Doppelwagen.**
Aufnahme: Werkfoto ME, Sammlung Thomas Estler

Fahrgastraum 3. Klasse im Triebwagen. *Aufnahme: Werkfoto ME, Sammlung Thomas Estler*

Fahrgastraum 3. Klasse im Doppelwagen. *Aufnahme: Werkfoto ME, Sammlung Thomas Estler*

In der 3. Wagenklasse bestanden die Sitzbänke aus Eschenholzlatten mit halbhohen Rückwänden, in der 2. Klasse sorgten dagegen Polsterbänke mit Armlehnen für den nötigen Komfort. Darüber waren Gepäcknetze montiert. An den Fenstern waren bei den Sitzbänken bequeme Armlehnen angebracht, unter den Fenstern kleine Ablagetische. Fußboden und Seitenwände waren mit Linoleum belegt. Die Säulen zwischen den Fenstern glänzten mit polierter Eschenholzfüllung. Ansonsten kam bei der Innenausstattung der Wagen poliertes Eichenholz zur Anwendung. Das Dach hatte Tonnenform und besaß außen an den Dachkanten Regenrinnen, welche das Regenwasser über den Fenstern ableiteten. Im Innern war das Dach mit weiß lackierten Sperrholzplatten verkleidet.

Nach dem Vorbild der württembergischen Vortwagen wurde die Lüftung der Fahrgasträume durch von Hand bedienbare Lüftungsschieber mit Schlitzen über den Fenstern reguliert. Die 800 mm breiten Fenster waren in Metallrahmen gefaßt und mit Ausgleichsvorrichtungen versehen, um sie in jeder Höhenlage festzuhalten. Durch den federnden

Ausgleich ihres Eigengewichts war nur ein geringer Handdruck zur Fensterbewegung erforderlich.

Die Wagenkästen wie auch die Drehgestelle der ET 65 001 – 021 (1. und 2. Bauserie) sowie der ES 65 001 – 016 (1. Bauserie) waren noch genietet. Bei den letzten Bauserien von Trieb- und Steuerwagen (ET 65 022 – 025 und ES 65 017 – 024) waren Wagenkästen und Drehgestelle bereits vollständig geschweißt. Gleichzeitig waren die Wagen um 20 cm verlängert worden.

Sämtliche Drehgestelle wurden von der Maschinenfabrik Esslingen in Anlehnung an die sogenannten Görlitzer Drehgestelle hergestellt. Das Antriebsdrehgestell mit den eingebauten Fahrmotoren war eine Neuentwicklung der ME, für damalige Verhältnisse außerordentlich leicht und doch solide gebaut, unter voller Berücksichtigung der zu übertragenden Antriebskräfte. Die Fahrmotoren hingen von den Tatzlagern aus nach innen und waren

Führerstand der zweiten Bauserie. *Aufnahme: Werkfoto ME, Sammlung Thomas Estler*

Triebdrehgestell der Baureihe ET 65. *Aufnahme: Werkfoto ME, Sammlung Gerhard Rieger*

Einbaufertiges Drehgestell vor Aufsetzen des Wagenkastens. *Aufnahme: Werkfoto ME, Sammlung Gerhard Rieger*

durch ein Paar Schraubenfedern federnd am Drehgestell aufgehängt. Mit Stufenzapfen stützte sich der Wagenkasten auf die Wiege der Drehgestelle, versuchsweise wurden bei vier Triebwagen auch Kugelzapfen verwendet.

Die Achslager waren als Gleitlager mit Schleuderschmierung der Bauart Peyinghaus ausgeführt. Bei der letzten Bauserie der Trieb- und Steuerwagen war der Radsatzabstand um 60 cm verringert worden und es kamen Isothermos-Lager zur Anwendung.

Bei der ersten Serie (ET 65 001 – 017) betrug die Höchstgeschwindigkeit noch 75 km/h bei einer Getriebeübersetzung von 17:70. Nachdem die Getriebeübersetzung ab ET 65 018 auf 18:69 geändert worden war, durften 85 km/h gefahren werden.

Die erste Serie wurde in den 40er Jahren durch nachträgliche Änderung der Getriebeübersetzung ebenfalls für 85 km/h zugelassen.

Die wesentlichen Angaben bzw. Unterschiede der wagenbaulichen Teile zeigt folgende Tabelle:

	LüP in mm	Leergewicht in t	Dienstgewicht voll besetzt in t	Gesamt-Achsstand in mm	Drehgestell-Achsstand im mm	Sitzpläze 2. Klasse	Sitzplätze 3. Klasse	Steh-plätze
ET 65 001 – 017	20.300	63,3	73,5	16.200	3.600	-	73	57
ET 65 018 – 021	20.300	64,6	75,8	16.200	3.600	-	73	57
ET 65 022 – 025	20.500	51,5	62,8	15.800	3.000	-	73	57
ES 65 001 – 016	20.300	40,2	49,5	16.200	3.600	24	49	48
ES 65 017 – 024	20.500	27,2	36,5	15.800	3.000	24	49	48

Werkaufnahme des elT 1204. *Aufnahme: Werkfoto ME, Sammlung Gerhard Rieger*

Werkaufnahme des elS 2201. *Aufnahme: Werkfoto ME, Sammlung Gerhard Rieger*

Unverkennbar ein Werkfoto der Maschinenfabrik Esslingen: Vor der Kulisse der Weinberge posiert der elT 1209 aus der ersten Serie für den Werksfotografen. *Aufnahme: Werkfoto ME, Sammlung Gerhard Rieger*

Zum Vergleich ein Bild vom elT 1224 aus der letzten Serie an der gleichen Stelle: Deutlich sind die Unterschiede an der Frontpartie und die nun vollständig geschweißten Aufbauten zu sehen. *Aufnahme: Werkfoto ME, Sammlung Thomas Estler*

Die Beiwagen der ersten Generation (Umbau aus Bi/Ci wü 29)

Schon 1918 hatte die Württembergische Staatsbahn eine größere Anzahl von Doppelwagen für den Stuttgarter Vorortverkehr in Auftrag gegeben. Durch die besondere Türanordnung bewährten sich diese ausgezeichnet, auch bei starkem Andrang im Berufsverkehr. Daher beschaffte die RBD Stuttgart in den Jahren 1929/30 nach Überarbeitung des ursprünglichen Entwurfs zwei weitere Serien zweiachsiger, kurzgekuppelter Doppelwagen für den Vorortverkehr. Beide Serien wurden von der Maschinenfabrik Esslingen gebaut.

Die erste, 1929 gelieferte Serie bestand aus 25 Doppelwagen (also 50 Einzelwagen) der 2. Klasse, als Sonderbauart Bi wü 29 bezeichnet. Die Indienststellung erfolgte mit den Wagennummern 36 051 bis 36 100 Stg; schon bald trat jedoch der neue Wagennummernplan in Kraft und die Wagen erhielten ab 27. März 1933 die Nummern 27 011 bis 060 Stg.

Die zweite, kleinere Bauserie umfaßte 17 Doppelwagen (34 Einzelwagen) der 3. Klasse (Sonderbauart Ci wü 29) und wurde 1930 abgeliefert. Zunächst als 40 221 bis 40 254 Stg bezeichnet, liefen die Wagen im neuen Nummernplan als 85 056 bis 85 089 Stg.

Bei beiden Serien waren identisch:
- die Hauptabmessungen (Länge über Puffer 26.600 mm, Achstand 8.500 mm)
- das Laufwerk mit A01-Gleitlagern
- das Untergestell aus Stahl in abgekröpfter Bauform
- der genietete Wagenkasten in Ganzstahlbauweise mit Tonnendach
- am Kurzkupplungsende die Kurzkupplung, der einteilige Faltenbalg sowie nur ein Puffer ohne Pufferteller
- am normalen Wagenende die Hülsenpuffer und Übergangsbrücken mit Scherengittern
- die zurückgesetzten Einzeleinstiege an jedem Wagenende
- die Kunze-Knorr-Bremse
- die 12 Lüftungsschieber über den Seitenwandfenstern

Die Wagen der 3. Klasse besaßen in Wagenmitte zurückgesetzte Doppeleinstiege, die 2.-Klasse-

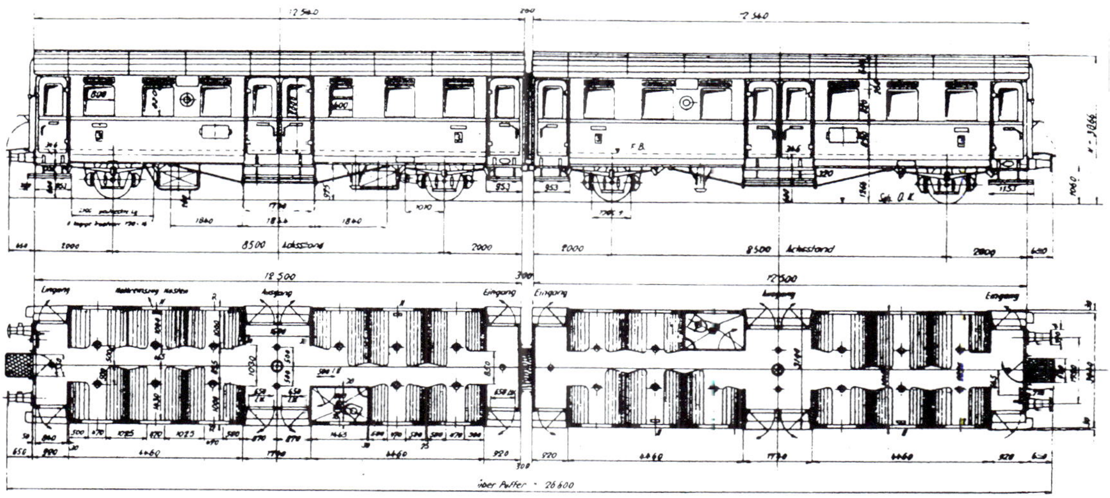

Maßzeichnung der Doppelwagen. *Abbildung: Sammlung Thomas Estler*

Beiwagen 85833/85834 Stg am 14. 10. 1962 im Betriebswerk Stuttgart. *Aufnahme: Otto Blaschke*

Wagen dagegen in Wagenmitte nur zurückgesetzte Einzeleinstiege.

In den Jahren 1933 bis 1941 wurden aus diesen beiden Serien insgesamt 34 Doppelwagen in elektrische Beiwagen umgebaut (siehe auch Tabelle). Bei allen Wagen wurde die Dampfheizung durch eine elektrische Heizung ersetzt, alle notwendigen Steuerleitungen eingebaut und die Lackierung entsprechend angepaßt. Keine weiteren Änderungen gab es bei den aus 3.-Klasse-Wagen umgebauten Beiwagen. Sie behielten ihre Wagenklasse und somit auch ihre Innenausstattung mit 52 Sitzplätzen (Holzlattensitzbänke mit einer Sitzteilung 2+3). Die Beiwagen aus dem 2.-Klasse-Wagen-Pool wurden bis auf drei Doppelwagen (später EB 65 101a/b, 102a/b und 103a/b) auf die 3. Wagenklasse umgerüstet. Statt der 38 Polstersitze erhielt jeder Wagen Holzlattensitzbänke mit einer Sitzteilung von 2+3, also insgesamt 44 Sitzplätze. Nun als elektrische Beiwagen geführt, bekamen die umgebauten Wagen die Nummern el 2650 bis 2693 zugeteilt. Anfang der 40er Jahre ersetzte man bei allen Radsätzen die Gleitlager durch Rollenlager.

Im Jahre 1940 trat für die elektrischen Trieb-, Steuer-, und Beiwagen ein neuer Nummernplan in Kraft. Nach dem Merkbuch für elektrische Triebfahrzeuge, Ausgabe 1941, sollten die el 2650 bis 2693 in EB 65 001 bis 044 umgezeichnet werden. Für jeden Doppelwagen waren »benachbarte« Nummern vorgesehen, z.B. el 2650/2651 in EB 65 001/002. Tatsächlich erhielt dieser Doppelwagen 1941 aber die Nummer EB 65 001a/b. Entsprechend verfuhr man auch bei der Umzeichnung der übrigen drittklassigen Doppelwagen in EB 65 002 a/b bis EB 65 023a/b.

Die drei im November 1940 mit den vorläufigen Nummern EB 65 045/046, 047/048 und 049/050 in Dienst gestellten Doppelwagen der 2. Klasse erhielten 1941 die endgültigen Nummern EB 65 101a/b, 102a/b und 103a/b. Ebenfalls 1941 wurden nochmals neun Doppelwagen zu elektrischen Beiwagen umgebaut und als EB 65 023a/b bis 032a/b eingereiht.

Die nachfolgende Tabelle zeigt die Entwicklung des Bestandes der »württembergischen« Doppelbeiwagen:

Umbau aus Bi/Ci Wü 29 in EB 65

Betriebsnr. ab 1940	ursprüngl. Betriebsnr.	Wagennr. vor Umbau	Fabriknr. (ME)	Umbau	Sitzplätze	Wagennr. n. Rückbau	Wagennr. ab 1963 (1)	Bemerkungen
EB 65 001a/b	el 2650/51	85056/057	18310/311	1933	52/52	85801/-	-	EB 65 001b KV, + 02.06.46 (2)
EB 65 002a/b	el 2652/53	85058/059	18312/313	1933	52/52	85803/804	-	
EB 65 003a/b	el 2654/55	85060/061	18314/315	1933	52/52	85805/806	95805/806	
EB 65 004a/b	el 2656/57	85062/063	18316/317	1933	52/52	85807/808	95807/808	
EB 65 005a/b	el 2658/59	85064/065	18318/319	1933	52/52	85809/810	95809/810	
EB 65 006a/b	el 2660/61	85066/067	18320/321	1933	52/52	85811/812	95811/812	
EB 65 007a/b	el 2662/63	85068/069	18322/323	1933	52/52	85813/814	95813/814	
EB 65 008a/b	el 2664/65	85070/071	18324/325	1933	52/52	85815/816	-	
EB 65 009a/b	el 2666/67	85072/073	18326/327	1933	52/52	85817/818	-	
EB 65 010a/b	el 2668/69	85074/075	18328/329	1933	52/52	85819/820	95819/820	
EB 65 011a/b	el 2670/71	85076/077	18330/331	1933	52/52	85821/822	95821/822	
EB 65 012a/b	el 2672/73	85078/079	18332/333	1933	52/52	85823/824	-	
EB 65 013a/b	el 2674/75	85080/081	18334/335	1933	52/52	85825/826	-	
EB 65 014a/b	el 2676/77	85082/27012	18336/461	1933	52/44	85827/828	-	
EB 65 015a/b	el 2678/79	27013/014	18462/463	1933	44/44	-	-	KV, + 1946
EB 65 016a/b	el 2680/81	27015/016	18464/465	1933	44/44	85829/830	95829/830	
EB 65 017a/b	el 2682/83	27011/050	18460/499	1937	44/44	85831/832	-	
EB 65 018a/b	el 2684/85	27051/052	18500/501	1937	44/44	-/85846	-	(3), (4)
EB 65 019a/b	el 2686/87	27053/054	18502/503	1937	44/44	85833/834	-	
EB 65 020a/b	el 2688/89	27055/056	18504/505	1937	44/44	85835/836	-	(5)
EB 65 021a/b	el 2690/91	27057/058	18506/507	1937	44/44	85837/838	-	
EB 65 022a/b	el 2692/93	27059/060	18508/509	1937	44/44	85839/840	95839/840	
EB 65 023a/b	-	27031/032	18480/481	1941	44/44	-/85846	-	(6)
EB 65 024a/b	-	27033/034	18482/483	1941	44/44	85841/842	95841/842	
EB 65 025a/b	-	27035/036	18484/485	1941	44/44	85843/844	95843/844	
EB 65 026a/b	-	27037/038	18486/487	1941	44/44	-	-	(4)
EB 65 027a/b	-	27039/040	18488/489	1941	44/44	85849/850	95849/850	
EB 65 028a/b	-	27041/042	18490/491	1941	44/44	85851/852	95851/852	
EB 65 029a/b	-	27043/044	18492/493	1941	44/44	-/85802	-	EB 65 029a KV, + 03.46 (2)
EB 65 030a/b	-	27045/046	18494/495	1941	44/44	85853/854	95853/854	
EB 65 031a/b	-	27047/048	18496/497	1941	44/44	85855/856	95855/856	
EB 65 101a/b	-	27025/026	18474/475	1940	38/38	-	-	(7), (8)
EB 65 102a/b	-	27027/028	18476/477	1940	38/38	-/85857	-/95857	(3), (4), (7), (8)
EB 65 103a/b	-	27029/030	18478/479	1940	38/38	-/85858	-/95858	(7), (8)

Anmerkungen zur Tabelle:

(1) erneut umgezeichnet, da die Nummernreihe 858.. für Wagen der Gattung By3g reserviert war

(2) ab 1945 EB 65 001a mit EB 65 029b gekuppelt

(3) ab 02.51 im Einsatz als EB 65 018a/102b und EB 65 102a/018b

(4) EB 65 018a/102b und 026a/b als Beiwagen für ET 85 beim Bw Freiburg beheimatet (16.12.60 – 21.01.61)

(5) beim Bw Tübingen beheimatet (04.45 – 08.02.46)

(6) Umzeichnung in EB 65 123a/b ab 16.03.56

(7) ab 11.40 mit den vorläufigen Nummern EB 65 045/046, 047/048 und 049/050 in Dienst gestellt

(8) bis zumindest 1945 als Biel/Biel (nur 2. Klasse im Einsatz)

Ende der 50er Jahre erreichten die Doppelwagen ihre wirtschaftliche Nutzungsgrenze. Eine Aufarbeitung wurde nicht mehr in Betracht gezogen, da genügend gleichwertige Fahrzeuge aus dem Umbauprogramm 1959/60 für Vorkriegswagen zur Verfügung standen. Als Ersatz wurden aus laufenden Lieferungen »neue«, d.h. generalüberholte Fahrzeuge der Bauart B4yg herausgezogen, dem Triebwagenbetrieb angepaßt und zwischen 1959 und 1961 in die Züge eingereiht.

Bis zum Ablauf ihrer Untersuchungsfristen liefen die alten Doppelwagen noch im normalen Reisezugdienst im Raum Stuttgart, schieden dann aber bald aus. Einige konnten noch bis Ende der 70er Jahre als Bahndienst- und Bauzugwagen verwendet werden.

Farbgebung

Die Trieb- und Steuerwagen wurden in der klassischen, ab 1932 gültigen Reichsbahn-Triebwagenlackierung ausgeliefert, die Beiwagen entsprechend umlackiert:

Fensterband	elfenbein/creme (RAL 20m)
Seitenwand	weinrot (RAL 10)
Dach	silber
Untergestell	schwarz

Die Zierstreifen zur Abgrenzung gegen Langträger und Fensterband waren ebenfalls in Elfenbein (RAL 20m) ausgeführt. Der 2. Klasse-Bereich des Steuerwagens wurde durch einen lichtblauen Anstrich anstelle der Cremefarbe im Bereich des Fensterbandes hervorgehoben.

Aus Gründen der besseren Tarnung waren die meisten Einheiten bei Kriegsende ganz dunkelrot (RAL 3009) lackiert. Einige wenige fuhren aber noch bis etwa 1950 in creme-weinroter Farbgebung. Bei der DB schließlich erhielten alle Wagen das Einheitsgewand in Weinrot (RAL 3004) mit beigen Zierlinien (RAL 1014).

Technische Daten:

	ET 65 001-017 (1. Serie)	ET 65 018-021 (2. Serie)	ET 65 022-025 (3. Serie)
Achsanordnung	Bo'Bo'	Bo'Bo'	Bo'Bo'
Gattungszeichen	C 4i	CPw 4i	CPw 4i
Höchstgeschwindigkeit	75 km/h	85 km/h	85 km/h
Größte Anfahrzugkraft am Triebradumfang (kg)	12700	11300	11300
Stundenleistung kW bei Geschwindigkeit	924/51km/h	924/58 km/h	924/58 km/h
Dauerleistung kW bei Geschwindigkeit	804/57 km/h	804/64 km/h	804/64 km/h
größter Achsdruck besetzt (t)	18,6	19,2	16,1
Leergewicht (t)	63,3	64,6	51,5
Dienstgewicht (t)	63,7	65	51,9
Dienstgewicht voll besetzt (t)	73,5	75,8	62,8
Reibungsgewicht (t)	63,7	65	51,9
Durchmesser Triebradsatz neu (mm)	1000	1000	1000
LüP Einzelwagen (mm)	20300	20300	20500
Gesamtachsstand (mm)	16200	16200	15800
Drehzapfenabstand (mm)	12600	12600	12800
Achsstand Triebdrehgestell (mm)	3600	3600	3000
Plätze insgesamt	130	130	130
Sitzplätze 3. Klasse	73	73	73
Stehplätze	57	57	57
Erstes Jahr der Indienststellung	1933/35	1936	1938
Beschaffungspreis (RM)	177500	188461	190976

Die technische Ausrüstung

Elektrischer Teil

Der Hochspannungsteil

Zwei Scherenstromabnehmer der Einheitsbauart SBS 9 (später SBS 10 mit Druckluftantrieb und Kohleschleifstücken) entnahmen den Einphasen-Wechselstrom 15 kV/16,7 Hz aus der Fahrleitung. Die Hochspannungs-Dachleitung führte über je einen Handtrennschalter vom Stromabnehmer zu einer 150 Ampère-Dachsicherung (Schmelzdraht und Erdungsbügel) und weiter zur Hochspannungseinführung auf dem Wagendach mit Hilfe eines Durchführungsisolators.

Neu war die Verwendung von Kabeln mit Papierisolation in Metallschläuchen für die Hochspannungsleitungen im Wagenkasten. Diese führten vom Dachdurchführungsisolator über die Maschinenkammer zum Hauptschalter, einem Ölschalter

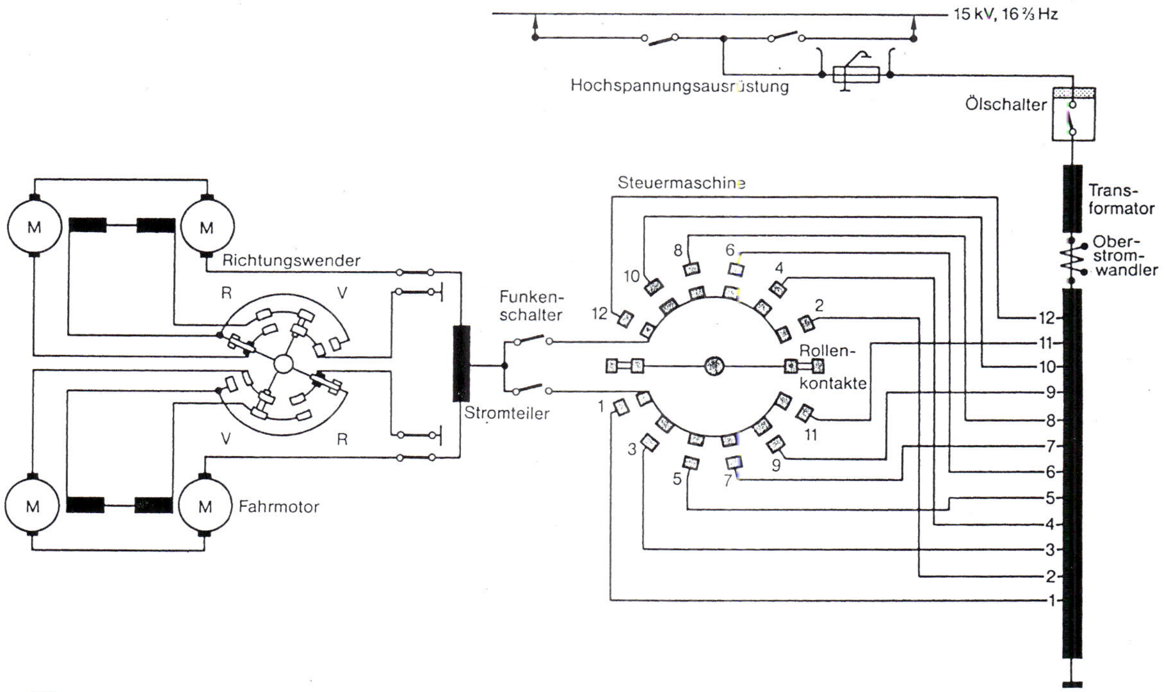

Starkstromschaltplan des Nahverkehrstriebwagens ET 65. *Abbildung: Sammlung Thomas Estler*

vom Typ BBC BT 10/1 mit 200 MVA Abschaltleistung, und weiter zum unter dem Wagenkasten aufgehängtenTransformator. Zum Schutz vor Verbiegungen waren diese Kabel im Wageninnern auf besonderen Winkeleisen fest verlegt und hatten nur soviel Bewegungsfreiheit, daß ihre Endverschlüsse aus den festen Teilen herausgezogen werden konnten.

Der Ölkessel des Ölhauptschalters war nach unten absenkbar und frei unter dem Wagenkasten aufgehängt, so daß selbst bei einem Ölschalterzerknall eine Gefährdung des Wageninneren ausgeschlossen war. Neben dem Ölschalterdeckel war in der Maschinenkammer etwas höher ein druckluftgesteuertes Getriebe angebracht, von dem aus mit Kettenübersetzung der Hauptschalter gesteuert wurde. Außerdem war es möglich, diesen Schalter vom Wageninnern aus auch von Hand einzuschalten.

Der unter der Mitte des Wagenkastens aufgehängte Transformator der Bauart BBC TRB 32 war als Kerntransformator mit Scheibenwicklung, Sparschaltung und Ölkühlung ausgeführt. An den Längswänden des Trafokessels waren zur Ölkühlung flache Kühltaschen angeschweißt, die vom Fahrtwind bestrichen wurden und so für die notwendige Kühlung sorgten. Der Ölumlauf erfolgte selbsttätig, so daß eine besondere Ölpumpe entfallen konnte. Von den Niederspannungsklemmen des Transformators führten Lackbandkabel als Niederspannungsleitungen unmittelbar zur Steuermaschine.

Die Steuerung

Für die Steuerung der Fahrstufen entwickelte die Firma BBC eine neue, geradezu revolutionäre *Steuermaschine*. Alle im Einsatz stehenden Wechselstrom-Triebwagen sowohl in Deutschland als auch im Ausland waren bis zu diesem Zeitpunkt mit der üblichen Schützensteuerung ausgerüstet. Obwohl diese den damaligen betrieblichen Anforderungen vollauf genügte, erschien sie doch in verschiedenen Punkten verbesserungsbedürftig. Insbesondere der Raumbedarf und das erhebliche Gewicht der Schützensteuerung waren mit der nun bevorzugten leichteren Bauweise der Fahrzeuge unvereinbar. Die allen Schützensteuerungen eigene Vielzahl von Steuer- und Hilfskontakten mit den zugehörigen Steuerleitungen sorgte ferner für eine relativ hohe Störanfälligkeit und erschwerte die Unterhaltung. BBC schlug daher vor, alle Steuerungsfunktionen auf engstem Raum in einer Steuermaschine zusammenzufassen. Als Vorteile wurden herausgestellt:

- geringerer Raumbedarf
- geringeres Gewicht
- Ersatz elektrischer Abhängigkeiten durch mechanische
- Verminderung der Hilfskontakte
- geringere Länge und Zahl von Steuerleitungen

Aufgrund des Einsatzes der neuen Fahrzeuge im Nahverkehr lag es nach den Erfahrungen bei der Berliner Stadtbahn nahe, eine automatische Anfahrtsteuerung vorzusehen. Die Eigenheiten des Wechselstrombetriebes und die Forderung, die Steuerung so zu entwickeln, daß ihre Tauglichkeit auch außerhalb des reinen Nahverkehrs gewährleistet ist, erweiterten jedoch das Anforderungsprofil:

1) Die Steuerung sollte selbsttätig in Abhängigkeit vom Anfahrstrom hochschalten.
2) Trotz selbstätiger Anfahrt mußte es möglich sein, auch stufenweise auf- und abwärts zu schalten.
3) Sie mußte auf jeder Schaltstufe stehenbleiben können.
4) Wenn erforderlich, mußte mit einer größeren Stromstärke als der für die automatische Anfahrt festgelegten angefahren werden können.
5) Auf jeder Stufe mußte zu jedem Zeitpunkt Schnellabschaltung möglich sein.
6) Beim Ausbleiben der Fahrdrahtspannung mußte die Schnellabschaltung selbsttätig wirken.
7) Ein Wiedereinschalten durfte nur in Nullstellung erfolgen.
8) In der Nullstellung müssen die Fahrmotoren elektrisch getrennt sein.

Detailansicht der Steuermaschine. *Aufnahme: Otto Blaschke*

Der Wechsel der Fahrtrichtung erfolgte durch einen sogenannten Richtungswender, der entsprechend den Grundsätzen der Steuermaschine entwickelt wurde. Als Antrieb diente auch hier ein Drehmagnet, der über einen Umsteuerhebel einen Stern mit vier Rollkontakten vorwärts oder rückwärts bewegte. Je zwei Rollkontakte waren einer Motorengruppe zugeordnet. Im Störungsfall erfolgte das Abtrennen jeweils einer Fahrmotorgruppe durch einen doppelpoligen Trennmesser. Bei Bedarf konnte so auch mit nur einer noch betriebsfähigen Gruppe weitergefahren werden. Die beiden Trennmesser waren zu beiden Seiten des Antriebsmagneten angebracht.

Über die Vielfachsteuerung konnten bis zu drei Triebwagen im Verband mit den entsprechenden Steuer- und Beiwagen von einem Führerstand aus betrieben werden.

Die neue Steuerung enthielt die folgenden Hauptteile: Stufenschalter, Funkenschalter, Antrieb- und Fortschaltrelais, welche als Einzelgruppen herausgenommen werden konnten. In ihrer grundsätzlichen Wirkungsweise lehnte sich die neue Steuerung an die bekannte Schlittenschaltersteuerung von BBC an, die sich bis dahin schon auf vielen Lokomotiven in Betrieb befand. Die zwölfstufige Steuerung wurde durch einen ferngesteuerten elektrischen Antrieb betätigt. Da die Bewegung der Schalter stufenweise erfolgte, war ein Drehmagnet die natürlichste Antriebsquelle. Dabei übernahmen Nockenscheiben die Ansteuerung der verschiedenen Schalter und auch die Schnellabschaltung.

Beim Vergleich mit der herkömmlichen Schützensteuerung traten die Vorteile der neuen Steuerung besonders zu Tage. So ergab sich für die BBC-Steuermaschine

- eine Raumersparnis von 77 %,
- eine Gewichtsersparnis von 62 %,
- eine Verringerung an Kontaktstellen von 85 %,
- sowie eine Verkürzung der Länge von Steuerstromleitungen innerhalb der Steuerung um 94 %.

Blick in die Maschinenkammer auf den Richtungswender. *Aufnahme: Otto Blaschke*

Die Fahrmotoren

Je zwei Fahrmotoren des Typs EDTM 494 (siehe auch Tabelle) waren dauernd in Reihe geschaltet, wodurch kleine Leitungsquerschnitte und eine günstige Bemessung der Trafowicklung erreicht wurden. Die bei Reihenschaltung besonders zu beachtende Gefahr des Schleuderns einzelner Achsen, besonders der vorauslaufenden, war aufgrund des günstigen Verhältnisses zwischen Reibungsgewicht und Zugkraft äußerst gering. Die Zugkraft je Treibachse betrug beim Anfahren nur etwa ein Achtel der Achslast. Um ein mögliches, wenn auch unwahrscheinliches Schleudern der Motoren zu verhindern, wurde als Sicherung gegen unbeabsichtigtes Höherschalten der Steuerung beim Schleudern ein Schleuderrelais eingebaut. Das Schleuderrelais lag im normalen Betrieb zwischen gleichen Potentialen der beiden Motorgruppen. Änderte sich der Spannungzustand zwischen zwei Motoren eines Drehgestells infolge Schleuderns eines Motors, so löste die Spannungsdifferenz das Relais aus und bewirkte ein selbsttätiges Zurückschalten der Steuermaschine.

Läufer zum Fahrmotor EDTM 494 IV.
Aufnahme: BBC, Sammlung Thomas Estler

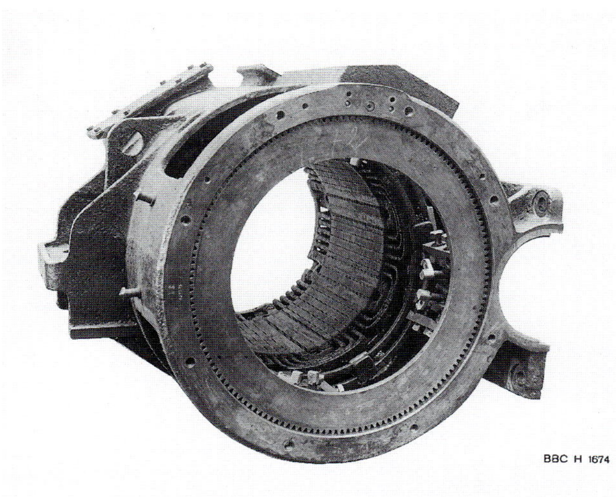

Ständer zum Fahrmotor EDTM 494 IV mit eingebautem Bürstenkranz. Motoren dieser Bauart fanden in den Triebwagen der Reihe ET 55, aber auch beim ET 65 Verwendung.
Aufnahme: BBC, Sammlung Thomas Estler

Die als kompensierte Tatzlager-Reihenschlußmotoren mit Wendepolwiderständen ausgebildeten Motoren erhielten bei der ersten Bauserie ungefederte Ankerzahnräder mit 17 Zähnen, die in gefederte Großräder mit 70 Zähnen auf den Treibachsen eingriffen. Mit Anhebung der Höchstgeschwindigkeit auf 85 km/h wurde später die Übersetzung auf 18:69 geändert. Diese Übersetzung hatten die ET 65 018 – 025 bereits ab Werk erhalten. Die Fahrmotoren waren eigenbelüftet. Die Kühlluft wurde am Dach über den Türnischen angesaugt und durch Lüftungskanäle im Wagenkasten sowie einen zwischen Wagenkasten und Drehgestell eingebauten Faltenbalg den Fahrmotoren zugeführt. Folgende Motortypen wurden bei den ET 65 verwendet:

ET 65 001 – 016	BBC EDTM 494/0
ET 65 017	BBC EDTM 494/II
ET 65 018 – 025	BBC EDTM 494/IV
ET 65 031 (ex ET 51 01)	BBC EDTM 494/0

Da diese Fahrmotoren mit nur geringen Änderungen auch bei den wenig später in Dienst gestellten Einheitstriebwagen der Baureihen ET 25, 31 und 55 verwendet wurden, konnten sie untereinander getauscht werden, was bei fälligen Hauptuntersuchungen auch entsprechend erfolgte. Zwischen den EDTM 494/0 und IV war freie Tauschbarkeit jedoch nur für die Läufer gegeben, ihre Ständer konnten nur innerhalb der gleichen Typenserie getauscht werden.

Die Steuerung der Fahrmotoren erfolgte von den Führerständen aus durch einen raumsparenden Fahrschalter mit den Stellungen »Fahrt«, »Auf«, »Ab« und »Schnell aus«. Der Triebwagenführer schaltete dabei die einzelnen Spannungsstufen nicht stufenweise, sondern steuerte nur die Steuermaschine auf zunehmende, abnehmende oder gleichbleibende (»Fahrt«)-Motorspannung und schnelles Ausschalten mittels der Funkenschalter.

Zur Außerbetriebsetzung eines einzelnen Triebwagens war in jedem Führertisch ein Wagenabschalter eingebaut, der sich nur durch das Aufstecken des Handgriffes vom Bügeleinstellventil betätigen ließ. Dieser wurde lediglich in der Stellung »Bügel nieder« freigegeben, so daß ein Triebwagen erst nach Senken der Bügel von der Gesamtsteuerung abgeschaltet werden konnte.

Die Druckluftausrüstung

Die Drucklufteinrichtungen entsprachen im wesentlichen dem damaligen Stand der Technik und boten wenig grundsätzlich Neues. Im Gegensatz zur Kunze-Knorr-Bremse der Beiwagen erhielten Trieb- und Steuerwagen eine Hildebrand-Knorr-Bremse, da diese leichter und ihr Platzbedarf geringer war. Im Unterschied zur Kunze-Knorr-Bremse (2 Bremszylinder/Bremsgruppe) benötigt die Hildebrand-Knorr-Bremse für jede Bremsgruppe nur einen Bremszylinder und ihre Steuerventile sind getrennt von den Bremszylindern untergebracht.

Da bei den neuen Triebwagen die Drehgestelle völlig durch die vier Motoren ausgefüllt waren, mußte die gesamte Bremsausrüstung am Wagenboden angebracht werden. Die Übertragung der Bremskraft auf die Bremsklötze an den Radsätzen erfolgte durch ein Bremsgestänge mit Zugstangen und Bremsquerbalken. Dadurch konnte auf bewegliche Bremsschlauchverbindungen zwischen Drehgestellen und Wagenkasten verzichtet werden.

Verbessert werden konnte die Druckluftsteuerung der Stromabnehmer. Im Gegensatz zu älteren Baureihen erfolgte die Betätigung nicht mehr über Druckluftstöße in der durchlaufenden Bügel-Steuerleitung, sondern mit Hilfe eines elektrischen Bügelsteuerventils. In Zügen von mehr als drei Trieb- und Beiwagen hatten sich bei der direkten Druckluftsteuerung Probleme in Form von Druckluftabfällen und längeren Durchströmzeiten ergeben. Dagegen wirkte die elektrische Fernsteuerung bei beliebiger Zuglänge überall gleichmäßig und ließ geringere Senkzeiten für die Bügel zu. Über den Bügelschalter im Führertisch eines jeden Führerstandes konnten die verschiedenen Stromkreise zum Heben und Senken aller Bügel sowie zum Ein- und Ausschalten sämtlicher Hauptschalter eines Zugverbandes betätigt werden.

Zur Druckluftversorgung wurde eine umlaufende Luftpumpe der Bauart Wittig KLL 8 mit 80 m^3/h Ansaugleistung eingebaut. Angetrieben wurde sie durch einen 200 Volt-Wechselstrommotor mit einer Leistung von 15 PS. Pumpe mit Antrieb waren mit klangdämpfenden Laschen am Wagenuntergestell aufgehängt. Ferner bestand die Möglichkeit, ohne Änderungen auch andere gebräuchliche Kolbenluftpumpen zu verwenden. Beispielsweise war der aus dem ET 51 01 umgebaute ET 65 031 zunächst mit einen Kolbenluftpresser der Bauart Knorr VV 140/75 und später mit einem der Bauart Knorr VV 48/75 ausgerüstet.

Die elektrischen Hilfsbetriebe

Trieb- und Steuerwagen wurden mit der bekannten BBC-Einheitssicherheitsfahrschaltung (SIFA) ausgestattet, welche bei Dienstunfähigkeit des Triebfahrzeugführers die Motoren abschaltet und eine Schnellbremsung einleitet.

Die neuentwickelte, für Vielfachsteuerung ausgelegte Sandstreueinrichtung gewährleistete ein

Sanden aller Triebdrehgestelle eines Zugverbandes. In Abhängigkeit von den Richtungswendern wurden jedoch nur die jeweils in Fahrtrichtung vorne liegenden Achsen gesandet.

Die Lichtstromkreise wurden durch einen nach Einheitsbauart der Reichsbahn ausgeführten Schaltkasten mit Kleinselbstschaltern gesichert und geschaltet. Die Streckenlaternen wurden immer gemeinsam mit der Blendlampe für die Führerstandsarmaturen und -anzeigengeräte geschaltet. Zur Speisung der Lichtstromkreise diente eine 24 V-Batterie, welche ihren Saft wiederum von einem BBC-Lichtumformer erhielt. Dieser war unter dem Wagenboden aufgehängt und zeichnete sich durch einen besonders leisen Lauf aus. Die Batterieladung und die Lichtspannung wurden durch einen BBC-Regler herkömmlicher Bauart beeinflußt.

Die selbsttätige Lichtfernsteuerung bedeutete aufgrund der Tunnel und der zahlreichen Gleisunterführungen auf den Stuttgarter Vorortstrecken eine erhebliche Arbeitserleichterung für das Fahrpersonal. Über einen im Führertisch eingelassenen

Die Probe- und Abnahmefahrten der fabrikneuen Fahrzeuge führten häufig nach Geislingen und auf die Schwäbische Alb. Vor dem elT 1212 posieren stolz Eisenbahner und Werksangehörige der Maschinenfabrik Esslingen bei einem Zwischenhalt in Geislingen.
Aufnahme: Werkfoto ME, Sammlung Thomas Estler

Druckknopf konnte der Triebwagenführer in jedem Wagen ein Lichtschütz einschalten, das wiederum die Beleuchtung der Fahrgasträume in Gang setzte. Durch eine Ölbremse verzögert, ging dieser Druckknopf selbsttätig nach einstellbarer Zeit in seine Ausgangsstellung zurück und löschte so die Beleuchtung.

Zur Überwachung von Hauptschalterauslösungen im Zugverband besaßen die Wagen eine besondere Meldeleitung. Bei einer Hauptschalterauslösung leuchtete neben dem linken Führerstandsfenster eine Meldelampe auf. Eine erloschene Glimmlampe in der Längswand zwischen Führer- und Begleiterraum zeigte den Triebwagen an, in dem eine Hauptschalterauslösung eingetreten war. Diese Glimmlampe war auch vom Bahnsteig aus gut erkennbar und leuchtete stets bei eingeschaltetem Hauptschalter.

Zur Heizung der Wagen kamen Widerstandsöfen der Reichsbahn-Regelbauart zur Anwendung, die je nach Wetterlage mit 600, 800 oder 1000 Volt betrieben werden konnten. Die Heizleitungen waren

Ein interessanter Vergleich: exakt 50 Jahre später feierte die DB mit großem Aufwand das Jubiläum der Streckenelektrifizierung Stuttgart–Ulm und der ET 65 durfte dabei nicht fehlen. In der gleichen Zusammenstellung wartet der Museumszug 465 006 im Mai 1983 in Geislingen auf Ausfahrt Richtung Amstetten. *Aufnahme: Thomas Estler*

durch gebräuchliche Steckerkupplungen von Wagen zu Wagen verbunden. Eine Parallelschaltung zweier Transformatoren über die Heizleitung war ausgeschlossen, da an den Führerstandsenden von Trieb- und Steuerwagen keine Heizleitungskupplungen installiert waren. Die gleichzeitige Einschaltung der Zugheizung im Zugverband erfolgte über einen besonderen Heizstufenschalter und nicht durch Heizschütze.

Die Bewährung nach 10 Jahren

Mit ihrer Inbetriebnahme übernahmen die neuen Triebzüge einen relativ großen Anteil des Nahverkehrs im Großraum Stuttgart. Nach der Elektrifizierung entfielen in Stuttgart Hauptbahnhof immerhin 212 Ankünfte und Abfahrten am Tag auf die elektrischen Vorort-Triebwagen.

Bei insgesamt 540 ankommenden und abfahrenden Zügen pro Tag entfiel damit ein Anteil von knapp 40 % auf die Triebwagen. Besonders augenfällig und attraktiv war die erhebliche Verkürzung der Fahrzeiten zwischen Esslingen und Ludwigsburg, die nicht nur durch die vergleichsweise hohe Fahrgeschwindigkeit, sondern vor allem durch das rasche Anfahren und Bremsen erreicht wurde. So betrug die Anfahrbeschleunigung zwischen Stillstand und einer Geschwindigkeit von 60 km/h immerhin 0,25 m/sek^2.

Ein weiterer Faktor war die erhebliche Zeitersparnis beim Wenden im Kopfbahnhof Stuttgart, da bei den Triebwagen der Führer nur den Führerstand wechseln mußte. Trotz der kurzen Wendezeit von drei Minuten waren noch reichlich Zeitspielräume für das Freigeben von Weichenstraßen sowie das Umstellen der Signale vorhanden. So konnten im zwanzigminütigen Grundtakt sämtliche Züge für beide Fahrtrichtungen auf einem Bahnsteiggleis abgewickelt werden.

Die folgende Tabelle zeigt deutlich die Fahrzeitersparnis zwischen den früheren Dampfzügen und dem elektrischen Triebwagenbetrieb:

	Dampfzug in min	Triebwagen in min
Ludwigsburg–Stuttgart	28	18
Wenden in Stuttgart Hbf	10	3
Stuttgart–Esslingen	26	18
Summe Gesamtstrecke	**64**	**39**

Zur Beschleunigung des Führerstandswechsels wurde auch auf das Umstecken von Zugschlußsignalen verzichtet. Der Zugschluß wurde bei Tag wie bei Nacht nur durch Lichtsignal angezeigt. Beim Führerstandswechsel mußte außerhalb des Wagens lediglich die Sicherheitsfahrschaltung umgestellt werden. Zur Bedienung dieser Einrichtung von hochliegenden Bahnsteigen aus mußte allerdings nachträglich noch eine besondere Hebelbetätigung installiert werden. Eine weitere nachträgliche Änderung zur raschen Betriebsabwicklung war die Einrichtung einer durchgehenden Steuerung für alle Luftpumpen eines Zuges von einem beliebigen Führerstand aus.

Durch ihre zweck- und zeitgemäße Ausstattung erfreuten sich die Fahrzeuge beim Publikum sofort großer Beliebtheit. Gelobt wurde auch der ruhige Lauf der Triebwagen. Trotz des in der Mitte angehängten Transformators waren im Fahrbetrieb keinerlei Erschütterungen des Wagenkastens zu spüren.

Die bequeme und einfache Bedienung der Steuerung gewährleistete eine pünktliche Einhaltung des Fahrplans. Die Berechnung der Fahrzeiten auf die größten und schwersten Einheiten vermied jegliche Überlastung der Fahrmotoren.

Schwierigkeiten traten lediglich an der hier erstmalig verwendeten Steuermaschine auf, die auf engem Raum zusammengedrängt außerordentlich häufige Schaltungen durchzufahren hatte. Bedingt durch Überspannungen des Fahrleitungsnetzes und schlechte Lüftung litt sie anfangs unter zahlreichen Überschlägen. Eingehende Untersuchungen durch das Elektrotechnische Versuchsamt München ergaben, daß an den Überschlagstellen 10 bis 12 kV Stoßspannung nötig waren, um einen Überschlag einzuleiten; auf der Oberspannungsseite hätten Stöße von etwa 200 kV auftreten müssen, um derartige Spannungswerte auf der Unterspannungsseite herbeizuführen. In den Fahrleitungsanlagen waren jedoch nur Wanderwellen in Höhe von 80 bis 100 kV zu erwarten. Daher wurde angenommen, daß Wanderwellen schwingender Natur, insbesondere mit Frequenzen von 45.000 bis 50.000 Hz gelegentlich auftraten, bei denen die Spartransformatoren zu Eigenschwingungen angeregt wurden und daher sehr wohl solche ungewöhnlichen Überspannungen erreichen konnten.

Obwohl nur die Lüftung etwas verbessert und baulich sonst nichts geändert wurde, verlagerten sich die Überschläge zu einem anderen, außerhalb der Steuermaschine liegenden Punkt und wurden in ihren Wirkungen durch eine Sperrung der Wiedereinschaltmöglichkeit des Hauptschalters in Grenzen gehalten. Überspannungsableiter führten zu keinem Erfolg.

Insgesamt wurde der Zustand nach zehn Jahren überaus positiv bewertet. Obgleich die Wagen schon gewisse Alterserscheinungen aufwiesen, war der Unterhaltungsaufwand geringer als zu Beginn. Es zeigte sich der große Vorteil einer einheitlichen Bauart und einer zentralen Betriebspflege. Die wenigen Mängel der Fahrzeuge waren genau bekannt, so daß sich eine Untersuchung auf diese wenigen schwachen und pflegebedürftiger Bauteile beschränken konnte. Mechanisch interessant war, daß die großen Zahnkränze nach 600000 bis 1 Mio. km Laufleistung Dauerbrüche des Kranzes aufwiesen, während die Zähne, insbesondere auch der Ritzel, keine nennenswerte Abnützung zeigten.

Die festgestellte Arbeitserleichterung für das Fahrpersonal durch die neuen elektrischen Fahrzeuge wird hervorragend durch folgendes Zitat illustriert:

»Die Bedienung der elektrischen Triebfahrzeuge ist körperlich so wenig anstrengend, daß wir sie unseren älteren Herren, die sonst vielleicht nicht mehr dienstfähig wären, übertragen können.«

Technische Daten elektrischer Teil:

	ET 65 001-017	ET 65 018-021	ET 65 022-025
Fahrmotoren			
Zahl:	4	4	4
Schaltung untereinander:	je 2 in Reihe	je 2 in Reihe	je 2 in Reihe
Größte Klemmenspannung (V)	360	360	360
Größte Spannung gg. Erde (V)	719	719	719
Drehzahl bei V/max (U/min)	1710	1800	1800
Gewicht des Motors (kg)	2230	2230	2230
Steuerung			
Steuerungsart	Z,Str,St	Z,Str,St	Z,Str,St
Zahl der Stufen f. Anfahrt	12	12	12
Zahl der Dauerstufen	12	12	12
Beleuchtung			
Stromart u. Spannung	24 V =	24 V =	24 V =
Batterie	1 x V GO 50	1 x V GO 50	1 x V GO 50
Batteriekapazität (Ah/3h)	130	130	130
Heizung	800/1000 V,W,sR	800/1000 V,W,sR	800/1000 V,W,sR
eingeb. Heizleistung (kW)	26	26	26
Beschaffungspreis el. Teil (RM)	105.000	113.269	113.547

Bauartänderungen und Versuchseinrichtungen nach dem Zweiten Weltkrieg

Forciert wurde nach Ende des Zweiten Weltkriegs der Einbau einer DeLimon-Spurkranzschmierung, mit der einzelne Triebwagen noch während des Krieges ausgerüstet worden waren. Die zahlreichen zum Teil recht engen Kurven im Großraum Stuttgart hatten die Spurkränze der Fahrzeuge über Gebühr abgenutzt und führten somit zu einer häufigen Unterschreitung des qR-Toleranzmaßes, des Maßes für die Ausrundung und Steilheit des Spurkranzes.

Angetrieben wurde die Spurkranzschmierung von der ersten Treibachse; ihre vier Spritzdüsen waren auf die Spurkränze der ersten und vierten Achse gerichtet.

Noch weitgehend in seiner ursprünglichen Form präsentiert sich das vorletzte Fahrzeug der ersten Bauserie, der ET 65 016, im Sommer 1958 in Esslingen dem Fotografen. *Aufnahme: Dr. Rudolf Winden*

Anläßlich einer Hauptuntersuchung erhielt ET 65 019 aus der zweiten Serie im August 1958 einen modernisierten Führerstand, der nur noch zwei Frontfenster hatte. Erstaunlich ist, daß bei dieser Gelegenheit nicht gleich das dritte Spitzenlicht eingebaut wurde. Am 14. Oktober 1958 wartet das Fahrzeug in Nürtingen auf neue Taten. *Aufnahme: Dr. Rudolf Winden*

Zu den Stuttgarter Fahrzeugen gesellten sich nach dem Krieg die im März 1945 von Schlesien nach Stuttgart geretteten ET 51 01/ES 51 11. Diese waren zwar in großen Teilen identisch mit den ET/ES 65, ihre unterschiedliche Steuerung verhinderte aber zunächst einen gemeinsamen Einsatz im Zugverband. Nach Beendigung der notwendigen Anpassungsarbeiten (insbesondere Angleichung der Steuerung) am 24. September 1949 waren die Hindernisse für einen freizügigen Einsatz der schlesischen Exoten beseitigt, die Fahrzeuge liefen fortan im Verband mit den »Original-Stuttgartern« mit.

Die Kollektoren der Fahrmotoren sorgten nach Kriegsende immer wieder für Schwierigkeiten. Zur Verbesserung der Kommutierung am Fahrmotor wurden verschiedene Schaltungen ausprobiert. Ab 1954 unternahm die Elektrotechnische Versuchsanstalt der DB in München Versuche mit der sogenannten Kasperowski-Stromteilerschaltung. Als Versuchsfahrzeug mußte auch der ET 65 014 herhalten, der für diesen Versuch extra neue Drehgestelle erhielt. Neu war die Verwendung besonderer Schichtkohlebürsten, die Kasperowski entwickelt hatte. Eine Isolierschicht trennte beide Kohleschichten, die durch einen Stromteiler aber wieder verbunden waren. Zwar konnte die Kommutierung dadurch ein wenig verbessert werden, demgegenüber stand aber eine ganze Reihe von Nachteilen. Die neuen Kohlen nutzten sich schneller ab, die Wartung war schwieriger und der erforderliche Schutzkasten für die Stromteilerschaltung war so tief am Drehgestell angebracht worden, daß mehrfach Schottersteine dagegen schlugen. Erst mit Einführung der neuen Stromrichterschaltung wurde dieser Versuch endgültig abgebrochen.

Ende der fünfziger Jahre erhielten die ET/ES 65 wie alle anderen DB-Triebfahrzeuge das dritte Spitzenlicht angebaut. Der obere DB-Einheitsscheinwerfer des ET 65 003, aufgenommen im Mai 1960 in Esslingen, steht im Kontrast zu den noch originalen unteren Lampen. Über dem rechten Scheinwerfer ist noch die Position des ursprünglichen Rücklichtes zu sehen. *Aufnahme: Otto Blaschke*

Wie bei allen Triebfahrzeugen der DB wurde auch bei den ET/ES 65 Ende der fünfziger Jahre das dritte Spitzenlicht angebaut.

Weitere Steuerwagen ES 65

Von den ursprünglich vierundzwanzig gelieferten Steuerwagen waren nach Kriegsende nur noch zwanzig vorhanden. Demgegenüber waren aber dreiundzwanzig Triebwagen verfügbar. Um den Mangel an Steuerwagen etwas zu mildern, baute 1951 das EAW Esslingen den im März 1945 aus Schlesien zurückgeführten und damals nicht benutzten EB 51 04 um. Nach dem Umbau erhielt er die Nummer ES 65 031.

Die wesentlichen Änderungen:

- Am einen Wagenende entfiel der Postraum. Dafür wurden Führerstand sowie neun Sitzplätze 3.Klasse eingebaut.
- Am anderen Wagenende wurden zwei Einzeleinstiege sowie eine Übergangsmöglichkeit in den folgenden Wagen hinzugefügt.

Entsprechend wurde 1954/55 durch WMD (mechanischer Teil) und BBC (elektrischer Teil) der ehemalige EB 51 01 in den ES 65 032 umgebaut, nachdem sein Einsatz bei der Rbd/ED Frankfurt/Main als Salonwagen 10 203 beendet war.

Die Modernisierung der Trieb- und Steuerwagen der Baureihe ET/ES 65 schloß auch den ET 51 01 und den ES 51 11 mit ein. Dabei wurden die beiden

Fahrzeuge in ET 65 031 und ES 65 033 umgezeichnet. Der vormalige ES 51 11 erhielt dabei statt des Gepäckraumes sechzehn Sitzplätze mehr sowie am führerstandslosen Ende zwei Einzeleinstiege und eine Übergangsmöglichkeit zu den Mittelwagen.

Um nach der Modernisierung einen Einsatzbestand von 24 Triebzügen (ET+EM+ES) zu erhalten, griff man 1962/63 auf die reichlich vorhandenen Steuerwagen ES 25 zurück und baute im AW Cannstatt die ES 25 002 und 011 in die ES 65 034 und 035 um. Auch bei diesen beiden Steuerwagen wurde am führerstandslosen Wagenende eine Übergangsmöglichkeit in den Mittelwagen geschaffen. Ferner wurde eine der beiden vorhandenen Toiletten entfernt und dafür eine Sitzbank eingebaut.

Bei der Modernisierung wurde wie bei allen Steuerwagen auch bei den obengenannten die Sitzteilung in der 2. Klasse von 2+3 auf 2+2 geändert. Aufgrund ihrer unterschiedlichen Abmessungen, abweichenden Außengestaltung und Raumaufteilung waren sie aber immer noch leicht als Exoten zu identifizieren. Die folgende Tabelle zeigt die wesentlichen Unterschiede:

Fahrzeug	LüP in mm	Sitzplätze 1. Klasse (2. Klasse)	Sitzplätze 2. Klasse (3. Klasse)
EB 51 01, 04	20.300	14	42 (+ 10 Klappsitze)
ES 65 031, 032 (vor Modernisierung)	20.300	14	51
ES 65 031, 032 (nach Modernisierung)	20.300	16	44
ES 51 11	20.300	-	64
ES 65 033	20.300	16	48
ES 25 002, 011	22.010	17	59
ES 65 034, 035	22.010	17	50

Aus dem im März 1945 aus Schlesien nach Schwaben überführten Beiwagen EB 51 04 entstand 1951 im EAW Esslingen der Steuerwagen ES 65 031. Am 11. Mai 1960 verläßt ein Zug mit dem Sonderling an der Spitze den Stuttgarter Hauptbahnhof.
Aufnahme: Peter Willen

Aus dem überzähligen Steuerwagen ES 25 002 entstand 1962/63 im Aw Bad Cannstatt der ES 65 034. Auch nach dem Umbau erhalten blieben die Schiebetüren, die die Herkunft des Fahrzeuges auf den ersten Blick verrieten. Das Foto zeigt den Wagen bereits nach der Modernisierung am 15. Juni 1963 in Stuttgart Hbf. *Aufnahme: Otto Blaschke*

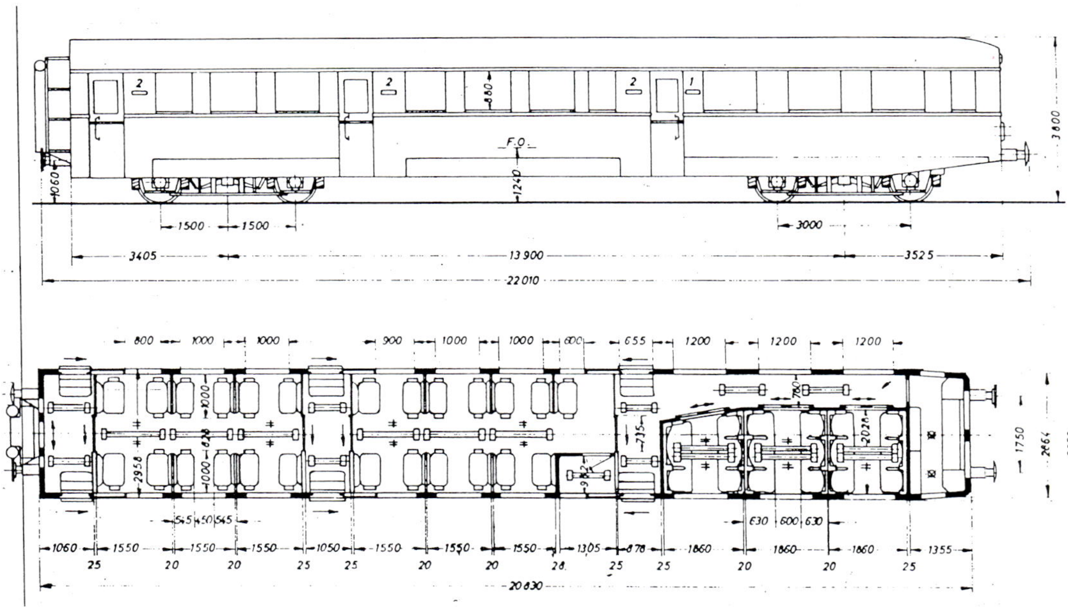

Maßzeichnung der Steuerwagen ES 65 034 und 035, entstanden aus ES 25 002 und 011.

Abbildung: Sammlung Thomas Estler

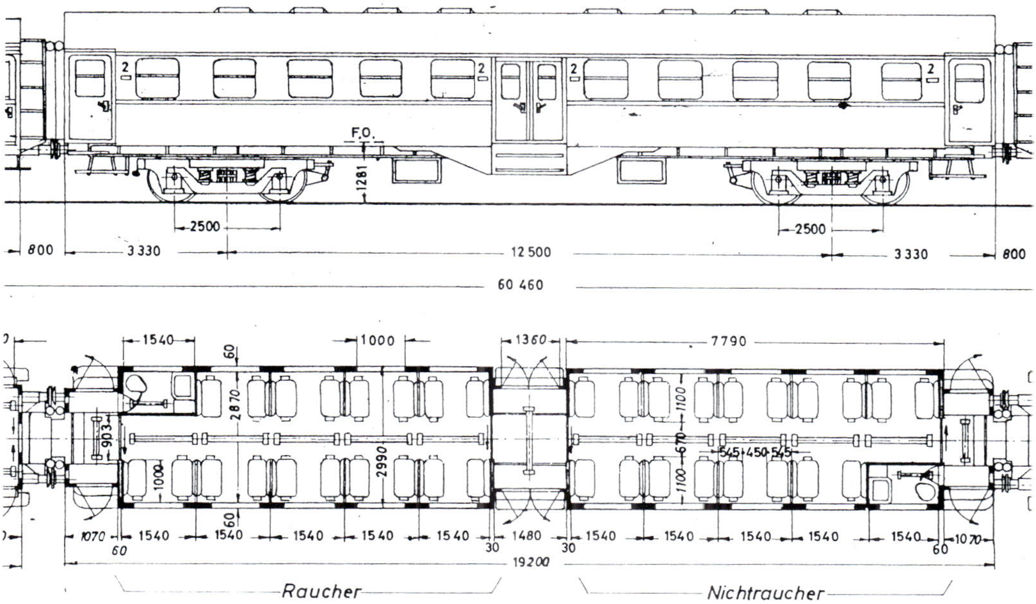

Maßzeichnung der neuen Mittelwagen EM 65, entstanden aus Umbauwagen der Gattung B4yg.
Abbildung: Sammlung Thomas Estler

Die neuen Mittelwagen EM 65

Zwischen 1959 und 1961 wurden die alten württembergischen Doppelwagen durch 24 vierachsige Reisezugwagen der Bauart B4yg ersetzt. Dabei handelte es sich um Umbauwagen des Beschaffungsprogramms 1959/60, die aus der Produktion des AW Karlsruhe stammten und kurzfristig dem Reisezugwagenpark der BD Stuttgart entzogen wurden.

Mit dieser Maßnahme war zwar ein Ersatz der für die Fahrgäste nicht mehr zeitgemäßen Holzklasse der Doppelwagen gefunden, das einheitliche Bild der Triebzüge war aber nachhaltig gestört. Die neuen Beiwagen wollten mit ihrer Erscheinungsform nicht so recht zu Trieb- und Steuerwagen passen. Blieb die Summe von 174 Sitz- und Stehplätzen konstant, so hatte sich die Zahl der Sitzplätze in den neuen Beiwagen zum Teil erheblich vermindert. Die alten Doppelwagen boten immerhin bis zu 104 Sitzplätze, die neuen Beiwagen gerade einmal 72 Sitzplätze, die allerdings nun kunststoffgepolstert waren.

Nachdem die alten württembergischen Doppelwagen Ende der fünfziger Jahre ihre wirtschaftliche Nutzungsdauer erreicht hatten, wurden sie zwischen 1959 und 1961 durch neue Mittelwagen ersetzt, die aus vierachsigen Umbauwagen der Gattung B4yg umgebaut wurden. Nach der Abstellung der ET 65-Garnituren fanden die erst rund 18 Jahre alten Wagen als normale Reisezugwagen weitere Verwendung. Kurzzeitig liefen sie sogar noch in ihrer roten Farbgebung. Gleich vier dieser Sonderlinge hingen im Frühjahr 1979 am Schluß dieses Nahverkehrszuges, der soeben den Bahnhof Cannstatt verläßt. *Aufnahme: Otto Blaschke*

Die Änderungen vor der großen Modernisierung am Beispiel des ET 65 024: Am 14. Juli 1959 präsentiert sich der Zug noch weitgehend ursprünglich mit nur zwei Spitzenlichtern und den württembergischen Doppelwagen in Stuttgart Hbf. Der hintere Zug hat hingegen seine Mittelwagen bereits gegen einen ex-B4yg eingetauscht. *Aufnahme: Sammlung Koppisch, Archiv transpress*

Gut zwei Jahre später verläßt der Zug am 8. Oktober 1961 den Bahnhof Bad Cannstatt. Die Stirnpartie ziert nun das dritte Spitzenlicht, in der Mitte läuft einer der neuen Mittelwagen EM 65. *Aufnahme: Otto Blaschke*

Zunächst wurden die neuen Beiwagen ebenfalls als EB 65 geführt. Erst mit Verfügung der HVB vom 14. Juli 1964 erfolgte die Umzeichnung in EM 65 und somit die Einstufung als Mittelwagen.

Anfang 1973 baute das AW Stuttgart-Bad Cannstatt für den nach einem Unfall am 29. Januar 1973 ausgemusterten EM 65 018 nochmals einen B4yg in einen EM 65 um. Dieser erhielt die Nummer 865 099.

1977/78 erfolgte mit der Außerdienststellung der ET 65 auch die Abstellung der zugehörigen Mittelwagen. Für die erst rund 18 Jahre alten Fahrzeuge bedeutete dies allerdings noch nicht das Ende: Sie wurden zu normalen Reisezugwagen rückgebaut und unter der Bauartnummer 516 als Byge 50 80 29-03 001 bis 024 weiter im Nahverkehr eingesetzt. Für kurze Zeit kamen sie in regulären Nahverkehrszügen in ihrer roten Triebwagenfarbgebung zum Einsatz, ehe sie wieder in Grün umgespritzt wurden.

Ein Mittelwagen hat sein »Triebwagendasein« wiedererlangt. Nachdem die Museumsgarnitur der DB (ET/ES 65 006) zunächst rund zwei Jahre ohne Mittelwagen im Einsatz stand und sich vor allem bei den Tagen der offenen Tür immer wieder Platzprobleme ergeben hatten, wurde der EM 65 006 (865 006-1) als Mittelwagen für den Museumseinsatz rückgebaut und in die Einheit eingestellt.

Betriebsnummer ab Umbau (1)	Betriebsnummer ab 01.01.68	Umzeichnung	z-Stellung	Ausmusterung	Wagennummer nach Rückbau
EM 65 001	865 001-2	16.11.60	01.12.78	01.06.79	516 508029-03 001-4
EM 65 002	865 002-0	07.11.60	01.12.78	26.03.79	516 508029-03 002-2
EM 65 003	865 003-8	16.11.60	01.12.78	17.05.79	516 508029-03 003-0
EM 65 005	865 005-3	22.11.60	01.12.78	08.03.79	516 508029-03 004-8
EM 65 006 (2)	865 006-1	04.11.60	01.12.78	08.01.79	516 508029-03 005-5
EM 65 007	865 007-9	04.11.60	01.12.78	04.04.79	516 508029-03 006-3
EM 65 008	865 008-7	21.12.60	01.02.77	10.03.77	516 508029-03 007-1
EM 65 009	865 009-5	07.12.60	01.12.78	19.03.79	516 508029-03 008-9
EM 65 010	865 010-3	18.11.60	12.07.77	13.07.77	516 508029-03 009-7
EM 65 012	865 012-9	03.12.60	01.12.78	15.05.79	516 508029-03 010-5
EM 65 013	865 013-7	03.12.60	01.02.77	10.03.77	516 508029-03 011-3
EM 65 014	865 014-5	23.11.60	01.03.78	06.02.79 (3)	516 508029-03 012-1
EM 65 015	865 015-2	59	-	24.05.77	516 508029-03 013-9
EM 65 016	865 016-0	23.11.60	01.12.78	13.03.79	516 508029-03 014-7
EM 65 017	865 017-8	23.11.60	01.12.78	26.04.79	516 508029-03 015-4
EM 65 018	865 018-6	08.12.60	29.01.73	30.06.73	++ nach Unfall
EM 65 019	865 019-4	03.12.60	27.04.78	16.02.79 (3)	516 508029-03 017-0
EM 65 020	865 020-2	18.05.61	-	13.07.77	516 508029-03 018-8
EM 65 021	865 021-0	06.61	01.12.78	03.01.79	516 508029-03 019-6
EM 65 022	865 022-8	06.61	01.12.78	04.01.79	516 508029-03 020-4
EM 65 023	865 023-6	59	01.06.78	26.02.79 (3)	516 508029-03 021-2
EM 65 024	865 024-4	07.12.60	01.12.78	22.06.79	516 508029-03 022-0
EM 65 025	865 025-1	21.07.61	01.12.78	08.12.78	516 508029-03 023-8
EM 65 031	865 031-9	17.11.60	01.12.78	08.12.78	516 508029-03 024-6
(4)	865 099-6	73	01.12.78	03.07.79	516 508029-03 016-2

Anmerkungen:

(1) laut Verfügung BD Stgt 23a.2354 Fate 21.20 vom 26.08.64 (bezüglich der HVB-Verfügung 27.272 Fle/U 20 vom 14.07.64) wurden die Mittelwagen Ende August 1964 in EM 65 umgezeichnet, bis zu diesem Zeitpunkt trugen sie die Bezeichnung EB 65

(2) erneuter Rückbau 02.86 durch die BSW-Gruppe des Bw Tübingen zum Mittelwagen des betriebsfähigen Museumstriebwagen ET 65 006 der DB

(3) Ausmusterung am 01.12.78 aufgehoben, da die Ausmusterung erst nach Abschluß des Rückbaus in Reisezugwagen erfolgte. Folgende neue Ausmusterungsdaten wurden festgesetzt:

865 014-4 am 18.04.78 — 865 019-4 am 08.05.78 — 865 023-6 am 01.06.78

(4) Umbau aus 516 508029-12 963-4 im AW Cannstatt

Die Modernisierung der ET/ES 65

Ende der 50er Jahre waren die ET/ES 65 eigentlich am Ende ihrer betrieblichen Nutzungszeit angelangt. Zunehmend zeigte sich das Alter der zwar beliebten, aber nicht mehr allen Ansprüchen gerecht werdenden Fahrzeuge. Da aber kein Ersatz in Sicht war, war die einzige Alternative eine umfassenden Modernisierung, wollte man den Anforderungen von Fahrgästen und Betriebsdienst weiter genügen. Erste Teilmodernisierungen begannen schon 1957. Ende 1960/Anfang 1961 wurden sukzessive die alten württembergischen Doppel-Beiwagen durch vierachsige Umbauwagen der Bauart 4yg ersetzt.

Zwischen 1961 und 1963 schließlich wurden alle Trieb- und Steuerwagen einem einheitlichen Umbauprogramm unterzogen. Erst zu diesem Zeitpunkt verlor auch der aus Schlesien vertriebene, bis dahin nach wie vor als ET 51 01 bezeichnete Triebwagen seine Identität. Das unter dem Spitznamen »Iwan« bekannte Fahrzeug verließ die Hallen des AW Cannstatt nach der Modernisierung als ET 65 031. In seinem Erscheinungsbild glich er nun weitgehend seinen Artgenossen, da auch der zweite (zwar stillgelegte, aber noch vorhandene) Führerstand dem Umbau zum Opfer gefallen war.

Wagenkasten

Bei der Modernisierung erhielten alle ET und ES 65 zwei neue große, gummigefaßte Stirnwandscheiben ähnlich wie die Einheitselektroloks der Baureihen E 10, E 40, E 41 und E 50. Sofern noch vorhanden, wurden bei den Trieb- und Steuerwagen der ersten Bauserie die Übergangstüren entfernt. Alle Trieb- und Steuerwagen wurden mit neuen Doppelscheinwerfern (weiß und rot) ausgestattet. Um einen problemlosen Übergang zu den neuen Mittelwagen der Bauart B4yg zu schaffen, erhielten die ursprünglich offenen Übergänge von Trieb- und Steuerwagen Rolläden und Gummiwulste entsprechend der neuen Mittelwagen. Ansonsten blieben die Wagenkästen äußerlich unverändert.

Führerstand

Komplett neu gestaltet wurden die Führerstände. Neue, leicht geneigte Führertische ähnlich wie bei den Einheitselektroloks der Baureihen E 10, E 40, E 41 und E 50 schufen ein ergonomischeres Arbeitsumfeld für den Triebwagenführer. In den Führerpulten waren nun folgende Bedienelemente untergebracht:

- Fahrschalter
- neuer elektrischer Geschwindigkeitsmesser, der den alten mit Gliederkettenantrieb ersetzte
- Druckmesser (Manometer) für Hauptluft- und Hauptluftbehälterleitung sowie Bremszylinder
- Batteriespannungs- und Strommesser
- Fahrdrahtspannungsmesser
- Zugkraftmesser
- Kennlampen für Zugheizung, Sifa, Indusi, Hauptschalter und Trennschütz
- neue Einheits-Kipptaster mit den Funktionen:
  - Stromabnehmer (Hoch – Nieder)
  - Hauptschalter (Ein – Aus)
  - Zugheizung (Ein – Aus)
  - Zugbeleuchtung (Ein – Aus)
  - UV-Leuchte, Fahrplan- und Führerraumlampe
  - Sanden

Das »Gesicht« des ET 65 nach der Modernisierung: Neue gummigefaßte Stirnwandscheiben, Doppelscheinwerfer, fehlende Übergangstüren und Neubaustromabnehmer vom Typ DBS 54 veränderten das Erscheinungsbild erheblich. Als 465 009 am 19. August 1978 in Kirchentellinsfurt auf Weiterfahrt wartet, sind seine Tage gezählt, dementsprechend schlecht ist der Pflegezustand.
Aufnahme: Helmut Iffländer

Augenfälligstes Merkmal der Modernisierung waren die neuen Stirnfronten der Trieb- und Steuerwagen: Im Juli 1960 präsentiert sich der ES 65 004 noch weitgehend in der ursprünglichen Form im Bahnhof Esslingen. *Aufnahme: Otto Blaschke*

Bereits modernisiert ist am 8. Oktober 1961 der ES 65 005, aufgenommen in Bad Cannstatt. *Aufnahme: Otto Blaschke*

Die Führerstandseinrichtung eines teilmodernisierten ET 65. *Aufnahme: Otto Blaschke*

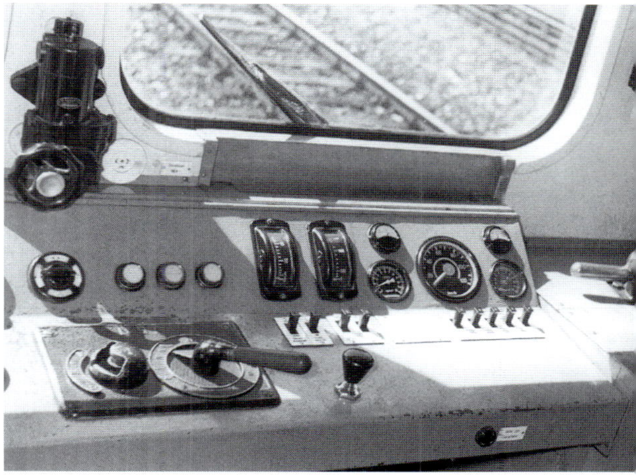

Bei der großen Modernisierung erhielten die Führerstände neue, leicht geneigte Führertische ähnlich wie bei den Einheitselektroloks E 10, E 40, E 41 und E 50. *Aufnahme: Otto Blaschke*

Das letztgebaute Fahrzeug, der ET 65 025, nach der Modernisierung, die ihm umgebaute Stromabnehmer der Bauart SBS 10 mit eingezogener Oberschere und Dozler-Doppelwippe des DBS 54 bescherten, im Bahnhof Tübingen. *Aufnahme: Otto Blaschke*

Ferner waren noch vorhanden drei Kipptaster für die Indusi (Wachsam – Frei – Befehl), ein Schalter für die Spitzenbeleuchtung (Aus – Rot – Weiß – Falschfahrt), ein Notlichtschalter, ein Wagenschalter und ein Luftanstellschalter für den Scheibenwischer.

Mit einer neuartigen Instrumentenbeleuchtung konnte die bisherige Spiegelung an der Stirnwandscheibe vermieden werden. Alle Beschriftungen, Striche und Zeiger wurden mit Leuchtfarbe versehen. Mit einer UV-Lampe an der Führerstandsdecke wurde der Leuchtstoffbelag auf Instrumenten und Schaltgeräten angestrahlt.

Als Ersatz für die alten, verschiedenen Motorstrom-, Erdstrom- und Oberstromrelais wurden neue Einheitsrelais an der Führerhausrückwand in einem neuen Kasten eingebaut. Ein neuer Sifa-Störschalter wurde ebenfalls in diesem Kasten untergebracht. Ein zusätzlich eingebautes Sifa-Zeitrelais, zwei Schütze für die Bügelsteuerung, zwei Schleuderrelais, ein Schütz für den Lichtregler sowie ein Schütz für die Zugbeleuchtung waren nun auch in diesem Kasten zu finden.

Für eine angenehme und gleichmäßige Temperatur auf dem Führerstand sorgten vier neue Heizkörper unter den Stirnwandfenstern und den beiden Seitenfenstern sowie eine zusätzliche Fußheizung unter dem Sifa-Fußtritt. Die beiden Stirnwandheizkörper dienten auch als Fensterheizung. Ihre Wärme wurde durch einen Schacht auch zu den Stirn-

So präsentierten sich die Züge nach der Modernisierung: Mit neuer Stirnfront, neuem Mittelwagen und neuem Stromabnehmer, aber noch ohne Zugbahnfunk und mit alter Nummer wartet ET 65 023 in Esslingen auf Ausfahrt. *Aufnahme: Otto Blaschke*

Die ehemaligen Beiwagen der Reihe EB 51 waren nach der Modernisierung nur noch an ihrer abweichenden Dachform zu erkennen. Hinter ES 65 031 verbirgt sich der frühere EB 51 04. *Aufnahme: Otto Blaschke*

fenstern hochgeleitet. Die lästige Klarsichtscheibe konnte damit entfallen.

Inneneinrichtung

Im Wageninnern fielen die zwei- und dreisitzigen Holzlattenbänke weg. Neue zweisitzige Polsterbänke mit blauen Kunstlederbezügen erhöhten nun den Komfort in der 2. Klasse. Da im neuen Mittelwagen zwei Toiletten vorhanden waren, konnte auf das WC im Triebwagen verzichtet werden. Die Toilette gegenüber der Maschinenkammer wurde ausgebaut und an dieser Stelle zwei zusätzliche Sitzplätze gewonnen.

Beleuchtung

Anstelle der alten 24 V-Glühlampen wurden im ganzen Triebwagenzug Leuchtstoffröhren mit 220 Volt Betriebsspannung eingebaut. Um die erforderliche Spannung von 220 Volt mit einer Frequenz von 100 Hz zu erhalten, mußte zusätzlich ein Turbowechselrichter der Bauart AEG 220 V/100 Hz unter dem Wagenkasten installiert werden. »Saft« erhielt dieser Wechselrichter (Leistung 1.200 VA) von einer Batterie mit 24 Volt Gleichstrom (4 PzS 220), welche wiederum von einem regelbaren Motor-Generator mit einer Leistung von 1,5 kW gespeist wurde. Vom Wechselrichter wurden 16 Volt Wechselstrom auf einen Transformator abgegeben, welcher schließlich die gewünschte Spannung von 220 Volt zur Verfügung stellte.

Zugheizung

Auch die Zugheizung wurde modernisiert: Ein neues 1000 Volt-Heizschütz sowie ein auch bei den Neubauloks verwendeter Heizregler sorgten ab der Modernisierung für wohlige Wärme. In der 2. Klasse entfielen alle Abteil-Heizregelschalter, diese blieben nur in den 1. Klasse-Abteilen der Steuerwagen erhalten. Heizungshauptsicherung, Heiz-

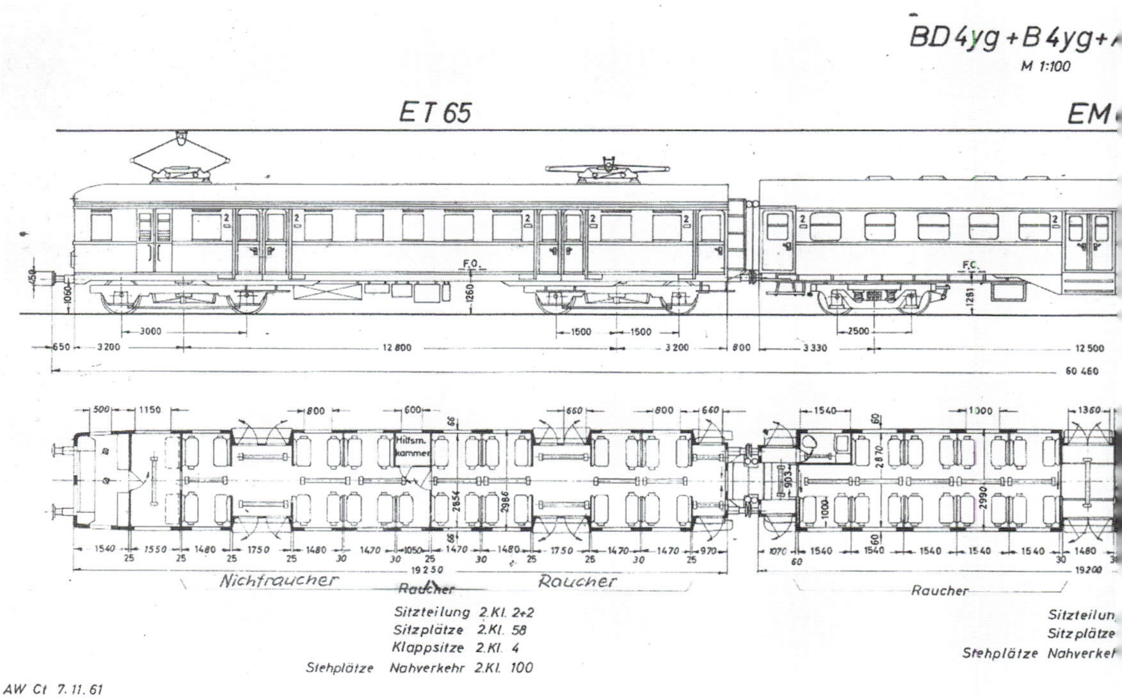

Maßzeichnung der ET 65 nach der Modernisierung. *Abbildung: Sammlung Thomas Estler*

schütz und Heizspannungswandler waren unter dem Wagenkasten untergebracht.

Stromabnehmer

Neubau-Stromabnehmer des Typs DBS 54 erhielten nur einige Triebwagen. Aber die Dachanschlüsse aller Triebwagen wurden für die Montage der Neubaustromabnehmer vorbereitet und mit Halterungen dieser Bauart ausgerüstet.

Fahrmotoren und Steuerung

Um die Belüftung der Fahrmotoren zu verbessern, wurden in die Eintrittsöffnungen der Lüftungskanäle zwischen dem Wagendach und der Decke über den beiden doppeltürigen Einstiegsplattformen BBC-Rotationslüfter des Typs EUF 32 y installiert. Je ein Lüfter sorgte bei Fahrmotor 1 und 2 sowie 3 und 4 für die Zufuhr von Kühlluft.

Bis auf die komplette Neuverkabelung von Trieb- und Steuerwagen blieb im elektrischen Teil alles beim Alten.

Sicherheitseinrichtungen

Die Sifa blieb unverändert, ihr alter Wellenantrieb wurde jedoch durch eine Kardanwelle ersetzt.

Alle Trieb- und Steuerwagen erhielten zusätzlich die Indusi-Zugbeeinflussungsanlage I 60. Die zugehörigen Armaturen wie Schreib- und Relaiskasten waren in den Gepäckräumen in einem besonderen Schrank untergebracht. Eingeschaltet war entsprechend der Sifa immer jene Anlage, auf deren Führerstand der Fahrtwendergriff auf »Vorwärts« stand.

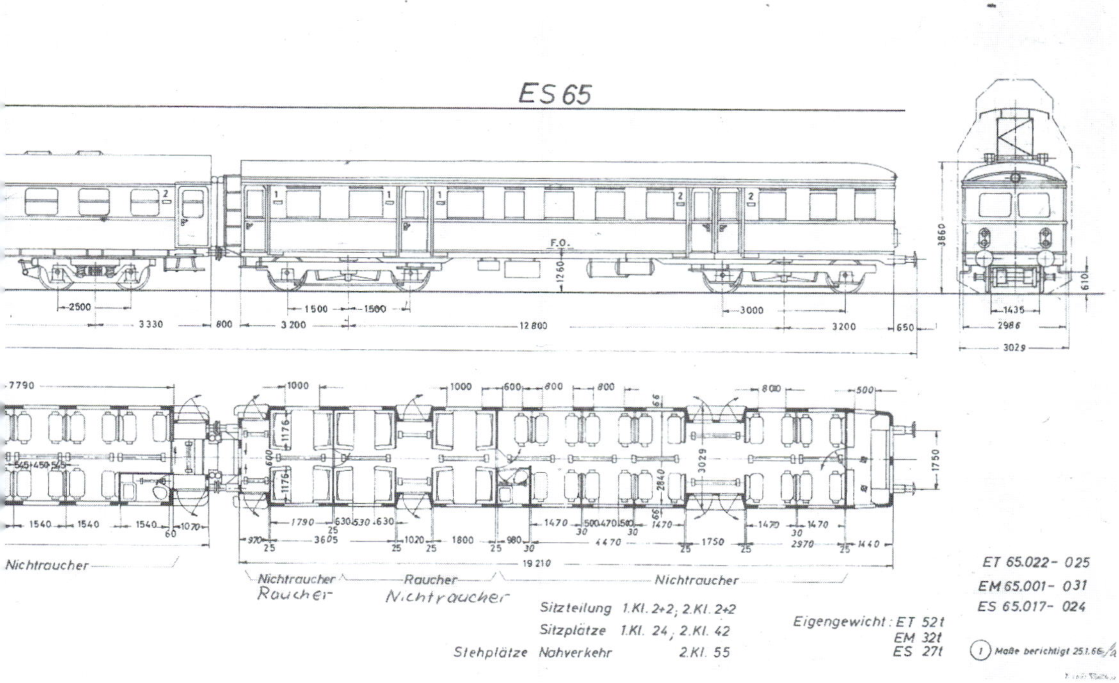

Der »Iwan« genannte ehemalige ET 51 01 verließ die Hallen des Aw Cannstatt nach der Modernisierung als ET 65 031. 1977 verläßt der nun als 465 031 bezeichnete Triebwagen den Bahnhof Bad Cannstatt. *Aufnahme: Jürgen Krantz*

Zugbahnfunk

Lange nach der Modernisierung erhielten Trieb- und Steuerwagen in ihren letzten Betriebsjahren Mitte der siebziger Jahre auch noch den Zugbahnfunk eingebaut. Erkennbar war dies an den charakteristischen Antennen auf dem Dach über der Führerstandsfront. Die nachfolgende Tabelle zeigt die Modernisierung und Ausmusterung der ET 65, wobei ab Anfang 1978 die feste Reihung einer Triebwageneinheit durch zunehmende Abstellungen der Steuerwagen nicht mehr eingehalten wurde:

	Betriebsnr. ab 01.01.68 im AW Ct	Modernisierung +ES (865.6)	gekuppelt ab Umbau mit EM (865.0)	letzte Untersuchung	z-Stellung	Ausmusterung	Verbleib/++
ET 65 001	465 001-6	ET: (1)	865 001-2 + 624-1	U2: 24.08.76	02.10.78	31.05.79	
ET 65 002	465 002-4	ET5: 13.02.62 – 07.05.62	865 002-0 + 621-7	U2: 22.01.76	02.10.78	31.05.79	++ AW Ka 1980
ET 65 003	465 003-2	ET5: 22.09.61 – 13.12.61	865 003-8 + 601-9	U2: 29.05.73	02.10.78	31.05.79	++ Bw Crailsheim 04.81
ET 65 004	-	-	-	-	-	11.08.44	KV im RAW Ka 09.08.44
ET 65 005	465 005-7	ET5: 10.03.62 – 25.05.62	865 005-3 + 611-8	U2: 10.07.74	02.10.78	31.01.80	techn. Landesm. BW
ET 65 006	465 006-5	ET4: 30.05.62 – 07.08.62 (1)	865 006-1 + 606-8	U2: 05.05.75	02.10.78	31.01.80	Museumstw. DB
ET 65 007	465 007-3	ET5: 10.10.61 – 05.01.62	865 007-9 + 607-6	U2: 06.04.73	02.10.78	31.05.79	++ AW Ka 1980
ET 65 008	465 008-1	ET4: .62 – .09.62	865 008-7 + 608-4	U3: 26.11.70	01.02.77	24.02.77	++ AW Ct 1978
ET 65 009	465 009-9	ET5: 03.07.61 – 27.09.61	865 009-5 + 604-3	U2: 23.08.73	02.10.78	31.01.80	++ AW Ka 1980
ET 65 010	465 010-7	ET5: 04.02.63 – 11.04.63 (1)	865 010-3 + 635-7	U3: 06.09.71	12.07.77	25.08.77	
ET 65 011	-	-	-	-	-	12.02.45	Unfall Ut 02.11.44
ET 65 012	465 012-3	ET5: 01.03.61 – 11.08.61	865 012-9 + 633-2	U2: 22.02.73	02.10.78	31.05.79	
ET 65 013	465 013-1	ET5: 07.08.61 – 07.11.61	865 013-7 + 613-4 (2)	U2: 25.01.74	02.10.78	31.05.79	
ET 65 014	465 014-9	ET5: 05.10.62 – 06.12.62 (1)	865 014-5 + 634-0	U3: 14.02.72	01.03.78	27.07.78	
ET 65 015	465 015-6	ET5: 03.01.62 – 20.03.62 (1)	865 015-2 + 616-7	U2: 14.09.73	01.06.77	30.06.77	++ AW Ct 1978
ET 65 016	465 016-4	ET5: 31.01.62 – 05.04.62 (1)	865 016-0 + 631-6	U2: 14.12.73	02.10.78	31.05.79	++ Bw Crailsheim 04.81
ET 65 017	465 017-2	ET5: 16.11.61 – 09.02.62	865 017-8 + 632-4	U2: 20.11.73	02.10.78	31.05.79	
ET 65 018	465 018-0	ET5: 26.11.62 – 05.02.63 (1)	865 018-6 + 617-5 (3)	U3: 02.03.71	-	25.11.76	++ AW Ct 1977
ET 65 019	465 019-8	ET5: .63 – 30.05.63 (1)	865 019-4 + 614-2	U3: 27.04.72	27.04.78	27.07.78	
ET 65 020	465 020-6	ET5: 08.01.63 – 14.03.63	865 020-2 + 605-0	U3: 20.01.72	27.01.78	27.04.78	++ AW Ct 1978
ET 65 021	465 021-4	ET5: 06.11.62 – 18.12.62	865 021-0 + 603-5	U3: 23.07.76	02.10.78	31.05.79	++ AW Ka 1980
ET 65 022	465 022-2	ET5: 14.07.62 – 18.10.62	865 022-8 + 622-5	U2: 31.03.76	02.10.78	31.01.80	++ AW Ka 1980
ET 65 023	465 023-0	ET5: 17.04.63 – 09.07.63	865 023-6 + 602-7	U3: 30.05.72	02.06.78	27.07.78	
ET 65 024	465 024-8	ET5: 15.06.62 – 19.08.62	865 024-4 + 610-0	U2: 25.04.74	02.10.78	31.05.79	++ AW Ka 1980
ET 65 025	465 025-5	ET5: 05.04.62 – 21.06.62	865 025-1 + 619-1	U2: 19.03.75	02.10.78	31.05.79	++ AW Ka 1980
ET 65 031(4)	465 031-3	ET5: 16.12.59 – 15.03.62	865 031-9 + 615-9	U2: 25.02.76	04.07.77	25.08.77	++ AW Ka 10.78

(1) Modernisierung in zwei Teilabschnitten durchgeführt:

1. Teilmodernisierung:	*ET 65 001: ET4*	*– 15.10.59*	*ET 65 016: ET4 04.12.58*	*– 25.03.59*
	ET 65 006: ET	*– 10.12.59*	*ET 65 018: ET*	*– 16.02.60*
	ET 65 010: ET	*–*	*ET 65 019: ET5 23.04.58*	*– 14.08.58*
	ET 65 014: ET	*– 24.11.60*	*ET 65 020: ET*	*–*
	ET 65 015: ET4 28.06.57	*– 29.10.57*		

(2) ab 01.02.77 mit 865 099-6 gekuppelt,

(3) ab 06.73 mit 865 099-6 gekuppelt

(4) ex ET 51 01, Umzeichnung 15.03.62, Umbaukosten 243.276 DM

Die Bedienung der Triebzüge

Ganz interessant liest sich die »Bedienungsanleitung« für die ET 65. Natürlich ist bei modernen Fahrzeugen die Bedienung noch einfacher, aber es wird doch deutlich, daß die »kinderleichte« Bedienung der ET 65 zur Zeit ihrer Indienststellung nicht nur einen enormen Fortschritt darstellte, sondern auch eine erhebliche Arbeitserleichterung für das Fahrpersonal mit sich brachte.

»Kinderleicht« war die Bedienung des ET 65 sicherlich nicht, aber immerhin brachten die Fahrzeuge bei ihrer Indienststellung dem bis dahin nur den Dampfbetrieb gewohnten Personal eine enorme Arbeitserleichterung. Und auch knapp dreißig Jahre später konnte der Meister seinen Zug gewissermaßen »mit links« fahren und sich ganz der Streckenbeobachtung widmen. *Aufnahme: Otto Blaschke*

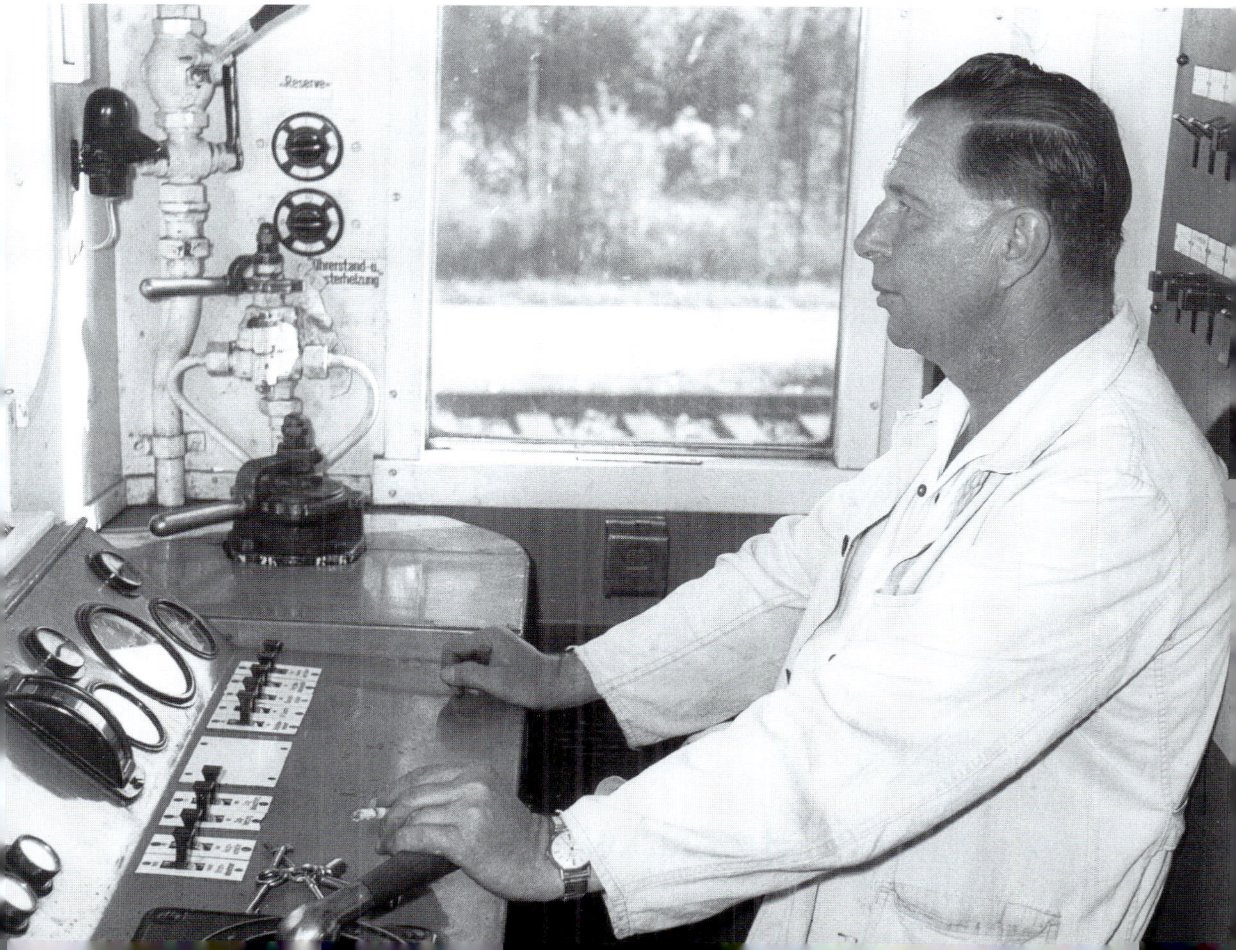

Behandlung des Triebwagens oder Triebzuges vor Antritt der Fahrt

(siehe auch Teilarbeitsverzeichnis Anhang II der DV 948 / B 2)

1) Batterie-Hauptschalter einschalten.
2) Alle Kleinselbstschalter mit Schutzbügel müssen in Grundstellung sein.
3) Schutz- und Auslöserelais müssen in Grundstellung sein.
4) Nach Witterungsverhältnissen Heizregler auf erforderliche Heizstufe einstellen und Kippschalter »Zugheizung« einschalten.
5) Ladezustand der Lichtbatterie überprüfen (bei eingeschaltetem Fernlicht nicht unter 22 V)
6) Richtungswalze nach »V« (oder »R«) verlegen.
7) Kipptaster »Bügel hoch« betätigen, dann zieht Stromabnehmer-Steuerrelais an und das Magnetventil Stromabnehmer bekommt Spannung über den Stromabnehmerwahlschalter. Steht dieser in Stellung »Betrieb«, dann geht der in Fahrtrichtung hintere Stromabnehmer hoch. Bei fehlender Druckluft Stromabnehmer mit Handluftpumpe hochpumpen.
8) Kipptaster »Hauptschalter ein« betätigen; bei HL-Behälterdruck unter 5,5 atü: HS von Hand einlegen.
9) Lüfter und Umformer laufen von selbst an, Luftpresser über Druckwächter (nur bei verlegter Richtungswalze).
10) Batterieladung überwachen (siehe TV 948 B 2 § 16a).
11) An der Bremse die nach DV 915 I § 12 und DV 948 B 2 vorgeschriebenen Arbeiten ausführen.
    Im Triebwagenbahnhof Esslingen ist nach SbV 306 *vor jedem Einsatz* immer von beiden Führerständen an den Stirnseiten des Zuges aus eine Bremsprobe vorzunehmen und zwar zunächst von einem Führerstand die volle Bremsprobe und dann vom anderen die vereinfachte Bremsprobe.
12) Sifa auf »Ein« stellen.
13) Signalpfeife, Sandstreuer für beide Fahrtrichtungen und Signallichter prüfen.
14) Kurz aufschalten und überzeugen, ob Zugkraft einsetzt.
15) Indusi einschalten und Schreibstreifen beschriften.

Behandlung des Triebwagens bei Antritt oder während der Fahrt

1) Anzeigeinstrumente sowie Kenn- und Meldelampen beachten. Lampenkontrolle: Beim Überschreiten von »Aus« nach »Ab« leuchtet Leuchtmelder »Trennschütz« kurzzeitig auf. Bei einem nicht angezogenen Trennschütz im Zugverband leuchtet Leuchtmelder »Trennschütz« an der Führerstandswand des betreffenden ET auf. Leuchtmelder »Heizung« leuchtet, solange intermittierender Heizschütz eingeschaltet ist.
2) Fahrschalter in Stellung »Auf«: Zugkrafterhöhung
3) Fahrschalter in Stellung »Fahrt«: Schaltwerk bleibt auf erreichter Stufe stehen
4) Fahrschalter in Stellung »Ab«: Zugkraftverminderung
5) Fahrschalter in Stellung »Aus«: Trennschütze fallen ab
    Alle 12 Stufen sind Dauerstufen.
6) In Stellung »Auf« beeinflußt das Fortschaltrelais das Aufschalten des Schaltwerks; Aufmagnet wird abhängig vom Motorstrom aus- und wieder eingeschaltet. Schaltverlauf am Stromnetz beachten. Die Fortschaltströme sind: Stufe 1 – 9: 850 A, Stufe 10 – 12: 750 A
7) Sifa- und Indusiprüfung nach DV 969 und DV 483 vornehmen.

»Im Triebwagenbahnhof Esslingen ist (...) vor jedem Einsatz (...) eine Bremsprobe vorzunehmen.« Pflichtbewußt und gewissenhaft erledigt der Zugführer in Esslingen seine Aufgaben. *Aufnahme: Steiner, Sammlung Reinhard Schulz*

Die »Bedienungsanleitung« hielt die Personale an, wirtschaftlich zu fahren, d.h., »schnell anfahren, damit (...) die vorgeschriebene Fahrzeit gehalten wird.« Die dynamische Frisur des Führers von 465 024 beweist, daß er am 3. August 1974 alles daran setzte, um diesem Gebot Folge zu leisten. *Aufnahme: Dieter Schlipf*

8) Wirtschaftlich fahren, das heißt schnell anfahren, damit bei möglichst niedriger Höchstgeschwindigkeit und langem Auslauf die vorgeschriebene Fahrzeit gehalten wird.
9) Batteriespannung und andere Instrumente beachten (siehe auch DV 948 B 2 § 18).

Führerstandswechsel am Wendebahnhof

1) Zug festbremsen und Führerbremsventil in Mittelstellung legen.
2) Zusatzbremsventil in *Lösestellung*.
3) Wenn angeordnet, Stromabnehmer wechseln.
4) Spitzenbeleuchtung ausschalten und Zugschluß einschalten.
5) Richtungswalze nach rückwärts verlegen und Fahrschalter kurzzeitig auf »Ab« stellen, dabei müssen RW umstellen und Leuchtmelder »Trennschütz« nach kurzzeitigem Aufleuchten verlöschen.
6) Richtungswalzengriff abziehen.
7) Sifa ausschalten.
8) Auf dem Weg zum anderen Führerstand prüfen, ob Bremsklötze anliegen und Stromabnehmer in Augenschein nehmen.

Am anderen Führerstand:

10) Sifa einschalten.
11) Überzeugen, daß im Bremszylinder-Manometer Luft angezeigt wird.
12) Bremse durch Füllstoß auslösen – danach Fahrtstellung (Leitungs- und Bremszylinder-Manometer beobachten)
13) Vereinfachte Bremsprobe durchführen (in Stuttgart Hbf bei Wendezeiten kürzer als 5 Minuten genügt Auslösen der Bremse nach Ziffer 12), vgl. SbV 306
14) Schlußlichter aus- und Spitzenlichter einschalten.
15) Richtungswalze verlegen (wenn erforderlich, Indusistreifen beschriften)
16) Wenn angeordnet, Stromabnehmer wechseln.

Der Einsatz der ET 65

Neue Fahrzeuge für den Vorortverkehr

Die ET 65 wurden als Sonderfahrzeuge ausschließlich für die Belange des Vorortverkehrs im Großraum Stuttgart konzipiert. Der damaligen Nomenklatur entsprechend trugen sie zunächst die Bezeichnung elT 12. Bereits im Januar 1933 lieferte die Maschinenfabrik Esslingen die ersten Neubautriebwagen elT 1201 und 1202 (ET 65 001 und 002) an die Reichsbahn. Da die Elektrifizierungsarbeiten im Stuttgarter Raum noch nicht abgeschlossen waren, wurden diese Fahrzeuge und ebenso die im März gelieferten elT 1203-1208

Fast ein halbes Jahrhundert gehörten die ET 65 untrennbar zum Schienenverkehr in der Schwabenmetropole. ET 65 014 in teilmodernisiertem Zustand »heult« um 1960 zwischen Untertürkheim und Bad Cannstatt dem Stuttgarter Hauptbahnhof entgegen.
Aufnahme: Jürgen Krantz

Ab 2. Mai 1933 stand die Strecke Plochingen–Ulm unter Spannung, so daß Probefahrten und Inbetriebnahme die neuen Triebzüge in den unterschiedlichsten Zusammensetzungen auf die Hauptstrecke brachte. In Beimerstetten bei Ulm wartet der geschmückte elT 1212 mit Steuerwagen, aber noch ohne Mittelwagen auf die Weiterfahrt. *Aufnahme: Werkfoto ME, Sammlung Thomas Estler*

(ET 65 003-008) vom RAW Dessau abgenommen und in Mitteldeutschland bis Anfang Mai 1933 eingesetzt.

Der Probeeinsatz in Mitteldeutschland

Als im November 1932 das RZA Berlin der RBD Halle anbot, bereits fertiggestellte Triebwagen der Reihe elT 12 (ET 65) vor Betriebsaufnahme auf den Stuttgarter Vorortstrecken zu erproben, hatte die RBD Halle schon eine vierjährige Erfahrung im elektrischen Triebwagen-Städteschnellverkehr mit den 1928 gelieferten elT 1061 bis 1066 (ET 41 01 bis 06). In Mitteldeutschland war schon ab 1923 das Dreieck Halle–Leipzig–Magdeburg–Halle komplett elektrifiziert, die ET 41 verkehrten jedoch überwiegend auf der Strecke Halle–Leipzig.

Vereinbart wurde am 25. November 1932 der Einsatz der ET 65 in der Reihung ET+EB/EB+EB/EB+ET (ursprünglich geplante Einsatzform) als Eilzüge zwischen Halle und Leipzig mit einer Höchstgeschwindigkeit von 80 km/h. Die Überschreitung der zulässigen Höchstgeschwindigkeit von 75 km/h war ausdrücklich vom Hersteller genehmigt worden. Die Anlieferung der Trieb- und Beiwagen ging aber nur schleppend voran, Ende Januar 1933 waren über das RAW Dessau erst die ET 65 001 und 002 beim Bw Leipzig Hbf West eingetroffen. Diese beiden Triebwagen wurden zunächst in Sonderplänen erprobt. Im März 1933 kamen dann noch sechs weitere Triebwagen (ET 65 003-008) zum Bw Leipzig Hbf West.

Im öffentlichen fahrplanmäßen »Eilverkehr« zwischen Halle und Leipzig wurden die Fahrzeuge ab 1. März 1933 verwendet, jedoch nicht zwischen dem 4. und 7. März 1933 während der Leipziger Frühjahrsmesse. Dafür fuhren die ET 65 am 5.

Ohne Steuerwagen, dafür mit zwei kurzgekuppelten Mittelwagen, legt elT 1213 am Etzel-Denkmal auf der Geislinger Steige einen Fotohalt ein. *Aufnahme: Werkfoto ME, Sammlung Thomas Estler*

März im Verstärkungsverkehr zwischen Leipzig und dem Flughafen Halle/Leipzig in Schkeuditz. Die Erprobung der ET 65 in Mitteldeutschland endete Anfang Mai 1933, ihr kurzer Einsatz war aber eine willkommene Verstärkung für den unter Fahrzeugmangel leidenden mitteldeutschen Triebwagenbetrieb. Die Fahrzeuge kamen danach sofort nach Stuttgart zurück, da auch hier inzwischen der elektrische Probebetrieb aufgenommen worden war.

Die Inbetriebnahme im Stuttgarter Raum

Am 3. April 1933 wurde die 110 kV-Fernleitung bis zum Unterwerk Plochingen unter Spannung gesetzt. Dann wurden nacheinander das Unterwerk und die einzelnen Fahrleitungsabschnitte eingeschaltet. Ab dem 13. April waren die ersten elektrischen Versuchsfahrten im Raum Stuttgart möglich. Entsprechend der Auslieferung weiterer Fahrzeuge und ihrer Abnahme nun durch das RAW Esslingen (ab ET 65 009) fand ihre Inbetriebnahme jetzt in heimatlichen Gefilden statt.

Am 2. Mai wurde der letzte Abschnitt Plochingen–Ulm der neu elektrifizierten Strecken unter Spannung gesetzt und somit konnte der Radius der Probefahrten bis nach Ulm ausgedehnt werden. Fanden nach Ulm Probefahrten ohne Steuerwagen statt, konnten die Triebwagen über das elektrifizierte Gleisdreieck zum Ulmer Rangierbahnhof gedreht werden.

Um dem Betriebspersonal Gelegenheit zu geben, sich mit den neuen Fahrzeugen vertraut zu machen, wurde ab dem 5. Mai 1933 ein »fahrplanmäßiger« Probebetrieb aufgenommen. Im Rahmen einer feierlichen Pressefahrt wurde das neue Nahverkehrsmittel am 9. Mai eingeladenen Journalisten vorgestellt. Die Fahrt in dem mit zeitgenössischem Schmuck versehenen Zug in der Reihung ET 65 008 + ES / ES + ET 65 011 führte zuerst von Stuttgart Hbf nach Ludwigsburg. Dort war Gele-

Auch auf der Güterumgehungsbahn Untertürkheim–Kornwestheim fuhren die neuen Züge im Probebetrieb: Noch ohne Beschriftung ist bei Zazenhausen ein elT 12 unterwegs, der Abwechslung halber dieses Mal ohne Beiwagen. *Aufnahme: Deutsche Reichsbahn, Sammlung Gerhard Rieger*

genheit zur Fahrzeugbesichtigung. Bei der Rückfahrt nach Stuttgart konnten die Journalisten den Führerstand in Augenschein nehmen und sich das Sicherheitssystem erläutern lassen. Mit der Befahrung der Teilstrecke Stuttgart–Esslingen und zurück endete die Pressevorstellung.

Ab Montag, dem 15. Mai, begann schließlich der elektrische Planbetrieb mit den bereits gelieferten Triebwagen, die nun anstelle der Dampfzüge auf den Vorortlinien nach Esslingen und Ludwigsburg fuhren. Bis zur Betriebseröffnung waren jedoch noch nicht alle bestellten Fahrzeuge (17

Am 9. Mai 1933 wurde die neue Vorortbahn der Presse vorgeführt. In zeitgenössischem Festschmuck fuhr die Garnitur von Stuttgart nach Ludwigsburg und anschließend nach Esslingen. Die Bilder zeigen den Zug in Esslingen und kurz vor der Abfahrt in Stuttgart Hbf vor der Kulisse des Bahnhofsturmes. *Aufnahmen: Deutsche Reichsbahn, Sammlung Gerhard Rieger*

ET, 16 Doppelwagen, 16 ES) abgeliefert. Erst Im Juni und Juli 1933 wurden die ET 65 013-016 dem Betrieb übergeben, die letzten Trieb- und Steuerwagen der ersten Bauserie nahmen schließlich in den Jahren 1934 (ES 65 014) und 1935 (ET 65 017, ES 65 015 und 016) ihren Dienst auf.

Feierliche Eröffnung

Die offizielle, feierliche Eröffnung des elektrischen Zugbetriebs auf der Fernstrecke Stuttgart–Ulm, der Güterbahn Untertürkheim–Kornwestheim und den Vorortstrecken fand am 30. Mai statt. Anwesend waren Reichsverkehrsminister, Reichspostminister, Reichswehrminister, die Regierungen von Bayern und Württemberg, die Spitzen der Behörden von Stuttgart, der beteiligten großen Städte und Oberämter, des Verwaltungsrats, der Hauptverwaltung und der Gruppenverwaltung Bayern der damaligen Deutschen Reichsbahn-Gesellschaft. Ein Sonderzug brachte die bayerischen Gäste zunächst nach Ulm und nach einem kurzen Empfang und einer Besichtigung des Ulmer Münsters in der ungewöhnlich kurzen Zeit von 1 Std. 10 Minuten nach Stuttgart. Nach einer Bewirtung im Hauptbahnhof folgte eine Stadtrundfahrt und abends ein geselliges Beisammensein in der reich geschmückten Villa Berg.

Von den zahlreichen Reden, die zu diesem Anlaß gehalten wurden, ist die kurze Ansprache des damaligen Präsidenten der Reichsbahndirektion Stuttgart, Dr. Sigel, besonders geeignet, die an jenem Tag herrschende Stimmung wiederzugeben:

»Meine Herren! Der heutige Tag gibt begründeten Anlaß, all denen zu danken, die an dem Zustandekommen des großen Werkes mitgewirkt haben, dessen Fertigstellung wir heute feiern. In dieser Richtung darf ich mit gutem Grund in erster Linie unseren Herrn Generaldirektor Dr. Dorpmüller nennen,

Noch etwas unfertig wirken die Anlagen der Bw-Außenstelle Esslingen im Mai 1933. Aus dem hölzernen Schuppen lugt elT 1206, in der Mitte wartet elT 1203, den Pufferteller des links stehenden elT 1208 schmücken noch Reste der Schmuckbemalung anläßlich der Pressefahrt vom 9. Mai. *Aufnahme: Werkfoto ME, Sammlung Thomas Estler*

Das war die übliche Zugbildung nach Inbetriebnahme des elektrischen Vorortverkehrs am 15. Mai 1933: Triebwagen in Richtung Stuttgart, zwei kurzgekuppelte Mittelwagen, Steuerwagen. Das Bild zeigt den elT 1213 mit Steuerwagen elS 2202 im Heimatbetriebswerk in Esslingen. *Aufnahme: Deutsche Reichsbahn, Sammlung Gerhard Rieger*

der sich schon vor Jahren für die Elektrisierung der Strecke München–Ulm–Stuttgart–Karlsruhe eingesetzt und es auch durchgesetzt hat, daß wenigstens der Bau der Teilstrecke Augsburg–Stuttgart im Jahr 1931 in Angriff genommen wurde. Wenn wir auch die Kredithilfe, die uns bei der Finanzierung dieses Werks von verschiedenen Seiten geleistet wurde, dankbar anerkennen, so muß doch festgestellt werden, daß letzten Endes die Deutsche Reichsbahn alles bezahlen muß. Ähnlich liegen die Verhältnisse bei der Elektrisierung des Stuttgarter Nachbarortsverkehrs, der seit 15. Mai dieses Jahres zwar schon im Gange ist, aber heute auch seine Weihe finden soll.

Mit Dank will ich aber ausdrücken, daß das Land Württemberg und auch die Stadt Stuttgart für das Zustandekommen dieses für den Stuttgarter Verkehr so wichtigen Werkes erhebliche Opfer gebracht haben. Ebenso möchte ich dankbar feststellen, daß wir uns mit der Stadtverwaltung Ulm über den Bau der neuen Blaubeurer Torbrücke einigen und damit auch einen alten Streitfall zwischen Stadt und Eisenbahn aus der Welt schaffen konnten.

Danken möchte ich schließlich noch allen Beamten, Unternehmern und Arbeitern, die an dem Werk tätig waren. Hiervon wird ja heute noch mehr die Rede sein, weshalb ich mich auf die Feststellung beschränken möchte, daß die Einrichtung der Obersten Bauleitung, die ihren Sitz in Stuttgart hatte, dank des energischen und taktvollen Vorgehens ihres Leiters, des Herrn Direktors Naderer, gut funktioniert hat. Im übrigen möchte ich hierzu nur noch Folgendes sagen: Wenn einer vor 20 Jahren vorgeschlagen hätte, die bayerische Strecke Augsburg–Ulm solle von einer in Stuttgart domizilierten und unmittelbar unter Berlin stehenden Obersten Bauleitung gebaut werden und dieselbe Bauleitung solle unter der Führung eines Bayern eine württembergische Strecke ohne weitere Mitwirkung der örtlichen Direktion ausbauen, so hätte man damals den, der solche Dinge daherredete, vermutlich in München sowohl wie in Stuttgart auf seinen Geisteszustand untersuchen lassen. Erst im Zeichen der Reichsbahn wurde so etwas möglich und darum dürfen wir mit gutem Grund die Deutsche Reichsbahn als Wegbereiterin auf dem Gebiet der Vereinheitlichung und Überwindung früherer partikularistischer Hemmungen in Deutschland bezeichnen...

Wir württembergischen Eisenbahner wollen also unsere bayerischen Kollegen, mit denen uns bisher der Dampf, manchmal sogar der Heißdampf verbunden hat, die Hand entgegenstrecken, elektrisiert von dem Gedanken der deutschen Einheit auch auf dem Gebiete des Verkehrs...

Und wenn wir früher sagten: Mit Volldampf voran, so dürfen wir heute ohne Rauch und Ruß sagen: Mit Vollkraft voran!«

Erhebliche Verkehrszunahme

Der neue elektrische Zugbetrieb hatte bald Gelegenheit, eine erste Bewährungsprobe abzulegen, als die betreffenden Strecken infolge des großen Deutschen Turnfestes in ungewöhnlichem Maße in Anspruch genommen wurden. Am 30. Juli 1933 traten im Unterwerk Spitzenbelastungen auf, die 60 % über das normale Maß hinausgingen.

Um auf Nachfrageschwankungen flexibel reagieren zu können, waren die Triebzüge natürlich mit Mehrfachsteuerung ausgerüstet, so daß eine variable Zugbildung möglich war. Folgende Zusammensetzungen der Züge sah man in den damaligen Zugbildungsplänen vor:

- Einheit 1: ET+ES
- Einheit 2: ET+EB/EB+ES
- Einheit 3: ET+ES + ET+EB/EB+ES
- Einheit 4: ET+EB/EB+ES + ET+EB/EB+ES
- Einheit 5: ET+EB/EB+ES + ET+EB/EB+EB/EB+ES
- Einheit 6: ET+EB/EB+ES + ET+EB/EB+ES + ET+EB/EB+ES

Bei Kriegsausbruch wurden die Einheiten 1 und 3 wegen der aufwendigen Rangierarbeiten und der damit verbundenen Unfallgefahr beim Ein- und Ausstellen der Doppelwagen aufgegeben.

Neu und geradezu revolutionär für den Großraum Stuttgart war die Einführung eines starren 20-Minuten-Taktes auf der Strecke Esslingen–Stuttgart Hbf–Ludwigsburg zwischen 7 und 21 Uhr. Zu den Hauptverkehrszeiten erfolgte durch zusätzliche Zwischenzüge sogar eine Verdichtung auf einen Zehnminutenverkehr. Durch den Wegfall größerer Aufenthalte im Kopfbahnhof Stuttgart sowie an den Wendepunkten Esslingen und Ludwigsburg wurden für den zwanzigminütigen Grundtakt nur fünf Einheiten benötigt.

1933 war Stuttgart immerhin die erste deutsche Großstadt, in der elektrische Wechselstrom-Triebwagen unter dem gebräuchlichen Stromsystem von 15 kV/16,7 Hz nach starrem Fahrplan verkehrten. Obgleich nicht als S-Bahn bezeichnet, wies die damalige Betriebsform im 20- bzw. 10-Minuten-Takt schon alle Merkmale eines neuzeitlichen S-Bahn-Verkehres auf. Höchst interessant sind ein paar Vergleiche mit der heutigen Zeit:

1933 betrug die planmäßige Fahrzeit der ET 65 zwischen Esslingen und Ludwigsburg 40 Minuten, in der Gegenrichtung sogar nur 39 Minuten. Heute benötigt man mit der S-Bahn im günstigsten Fall für die Strecke Esslingen–Ludwigsburg 35 Minuten und in Stuttgart Hbf muß umgestiegen werden. Die

Teilstrecke Esslingen–Stuttgart wurde damals in 18 Minuten (heute 16 Minuten), der Abschnitt Stuttgart–Ludwigsburg in 19 Minuten, in der Gegenrichtung sogar in 18 Minuten (heute 16/17 Minuten) bewältigt. Als Wendezeit in Stuttgart Hbf waren immer 3 Minuten vorgegeben.

Über Esslingen hinaus nach Plochingen verkehrten die Triebwagen von 7 Uhr bis Mitternacht im Schnitt einmal pro Stunde. Einzelne Züge wendeten erst in Göppingen, Süßen oder Geislingen.

Bedingt durch den Ausflugsverkehr fand sonntags in der Relation Plochingen–Süßen ein verstärkter Triebwageneinsatz statt. Im Sommerfahrplan 1934 fuhr eine Triebwagengarnitur beispielsweise folgende sonntägliche Zusatzleistungen:

Plochingen–1425–Süßen–1434–Ebersbach–1435–Süßen–1454–Plochingen–1463–Göppingen–1477–Süßen–1486–Plochingen

Die Elektrifizierung der Strecke Plochingen–Tübingen zum 7. Oktober 1934 führte zu keiner wesentlichen Erweiterung des Einsatzgebietes der ET 65; sie wurden auf dieser Strecke nur mit wenigen Leistungen betraut. Erwartungsgemäß führte die Elektrifizierung aber zu einer starken Verkehrszunahme im Stuttgarter Nahverkehr. Die starre 20-Minuten-Zugfolge, die verkürzte Fahrzeit und das angenehme Fahren, z.T. auch die allgemeine Wirtschaftsbelebung ließen die Zahl der im Vorortverkehr beförderten Reisenden um etwa 100 % gegenüber dem Dampfbetrieb ansteigen. Allerdings sind hierin auch Fahrgäste enthalten, die von den Fernzügen auf die Vorortzüge abwanderten; der echte, auf die Elektrifizierung zurückzuführende Zuwachs wurde auf etwa 50 % geschätzt.

Um den gestiegenen Verkehr bewältigen zu können, lieferte die Maschinenfabrik Esslingen im Frühjahr 1937 als zweite Bauserie die Triebwagen elT 1218-1221 (ET 65 018-021). Wichtigste Bauartänderungen waren die auf 85 km/h erhöhte Höchstgeschwindigkeit sowie der Wegfall der Übergangseinrichtungen an der Führerstandsseite. Ebenfalls wurden 1937 sechs weitere Doppelwagen (EB 65 017a/b-022a/b) umgebaut.

Im Winterfahrplan 1937/38 war der 20-Minuten-Takt auf der Stammlinie noch weiter ausgedehnt worden. In Richtung Ludwigsburg–Esslingen begann er jetzt morgens um 6.11 Uhr und endete nachts um 23.11 Uhr. In der Gegenrichtung begann der Takt sogar schon morgens um 5.19 Uhr und endete nachts um 22.59 Uhr. Zwischen 23 und 2 Uhr fuhren damals die Vorortzüge noch in halbstündlichem Abstand. Heute kann man als Nachtschwärmer und S-Bahnbenutzer davon nur träumen, da zwischen 1 und 4 Uhr der S-Bahnbetrieb ruht. Ansonsten blieb das Einsatzbild weitgehend unverändert. Zwischen Plochingen und Tübingen fuhr in dieser Fahrplanperiode kein ET 65. Ulm wurde allerdings einmal täglich mit dem P 1071 erreicht, die Rückleistung erfolgte als P 1436.

Nach wie vor war der Einsatzbestand an der untersten Grenze, vor allem fehlten Steuerwagen (zu Beginn des Jahres 1938 standen 21 Triebwagen nur 16 Steuerwagen gegenüber). Deshalb und im Hinblick auf die bevorstehende Elektrifizierung der Strecke Stuttgart-Zuffenhausen–Weil der Stadt wurden acht Steuerwagen (ES 65 016–024) sowie noch einmal vier Triebwagen (ET 65 022–025) bestellt.

Bis zur Inbetriebnahme des ersten Abschnitts Zuffenhausen–Leonberg am 1. Mai 1939 konnten bis auf ET 65 025 alle bestellten Trieb- und Steuerwagen abgeliefert werden. Fortschritte in der Schweißtechnik ermöglichten eine Herstellung dieser Fahrzeuge in geschweißter Stahlbauart, im Gegensatz zu den bis 1937 gelieferten Fahrzeugen in genieteter Stahlbauart. Hierdurch unterschieden sich die neuen Trieb- und Steuerwagen in ihrem äußeren Erscheinungsbild doch recht erheblich von den bereits vorhandenen Fahrzeugen.

Die letzte Fahrplanperiode (Sommerfahrplan 1939) vor Beginn des Zweiten Weltkrieges sah vorläufig sowohl die größte Ausdehnung des Einsatzgebiets als auch die höchste Zahl der erbrachten Leistungen:

- unveränderter 20-Minuten-Takt zwischen Esslingen und Ludwigsburg
- im Schnitt einmal pro Stunde wird Plochingen erreicht

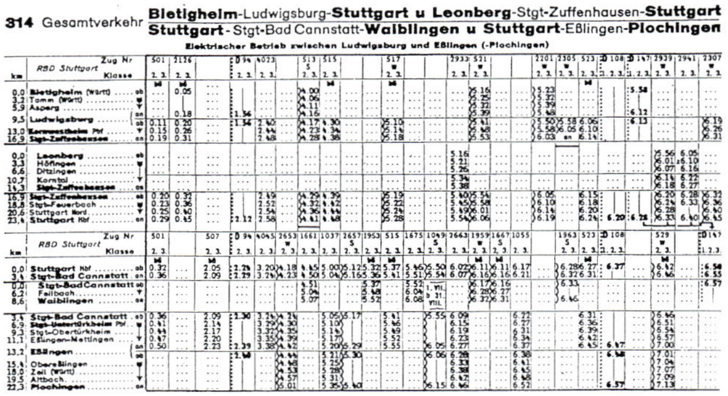

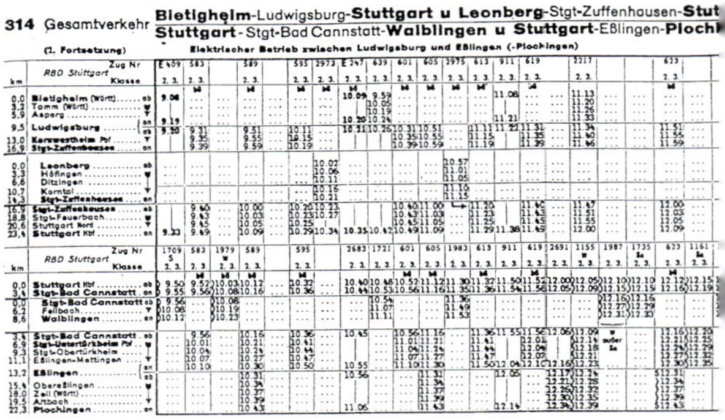

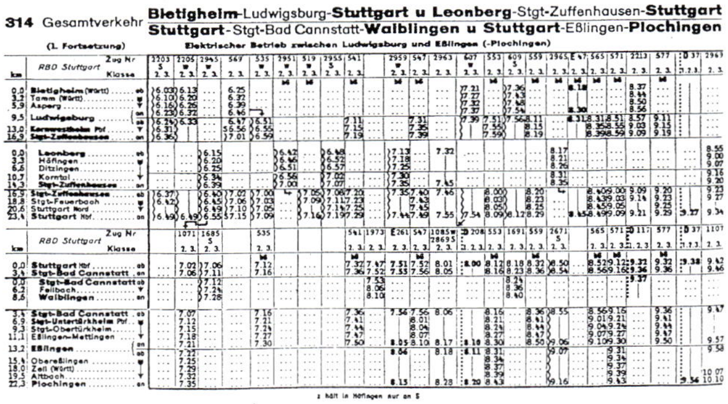

Seite 866

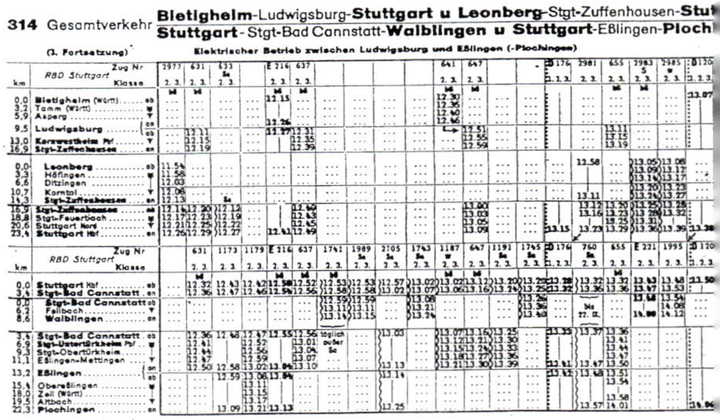

Seite 867

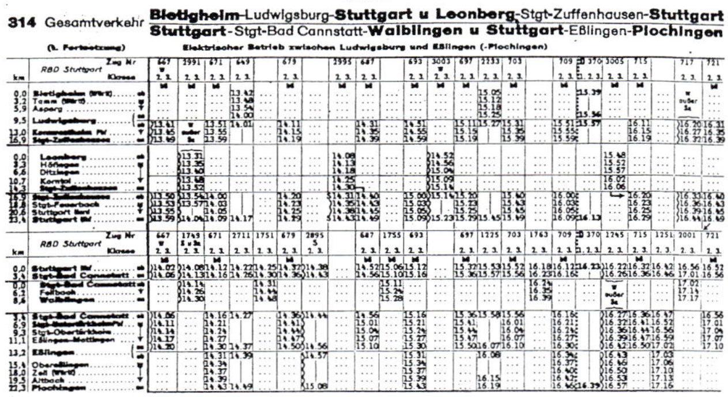

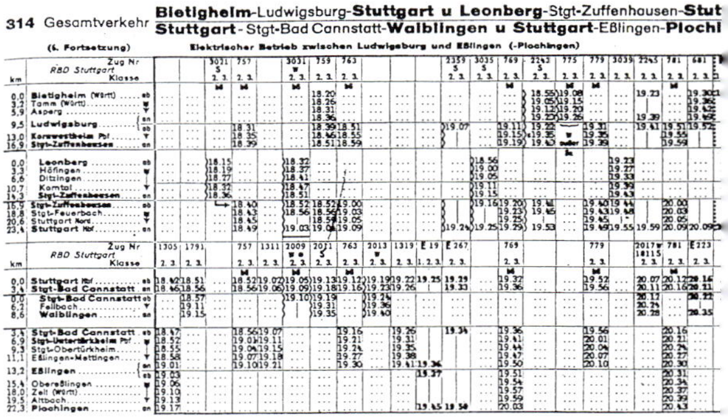

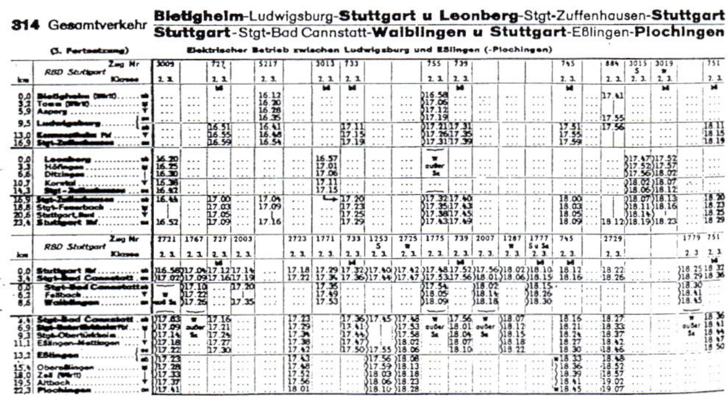

Seite 868

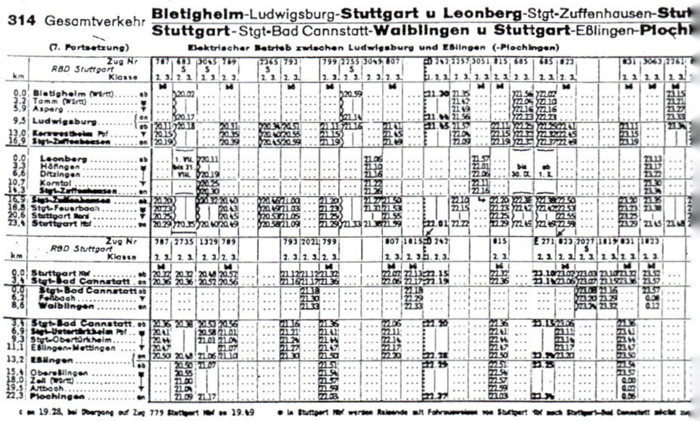

Seite 869

Gesamtverkehr auf der Strecke Bietigheim–Stuttgart Hbf–Plochingen im Winterfahrplan 1934/35.

Abbildung: Sammlung Gerhard Rieger

- einzelne Spitzen werktags nach Göppingen, Süßen und Geislingen
- sonntags im Ausflugverkehr zusätzlicher Triebwageneinsatz zwischen Plochingen und Geislingen nach folgendem Plan: Plochingen–1425–Geislingen–1434–Plochingen–1453– Geislingen–1454–Plochingen–1463–Süßen–1468–Plochingen–1477–Süßen–1486–Esslingen
- einmal täglich Stuttgart–Ulm und zurück (P 1071/1436).
- auf der Strecke Stuttgart–Tübingen nachts das Zugpaar Tpo 815/858 (Stuttgart–Nürtingen–Stuttgart).
- auf der neu elektrifizierten Strecke Zuffenhausen–Leonberg mindestens elf Zugpaare.

Der Vorortbetrieb im Zweiten Weltkrieg

Die Aufnahme des elektrischen Betriebes zwischen Leonberg und Weil der Stadt am 18. Dezember 1939 fiel bereits in die Kriegszeit. Sie fand mit einem zwölfteiligen Eröffnungszug statt, der aus drei normalen Einheiten ET 65 bestand. Die Triebwagen übernahmen daraufhin auch den größten Teil des Verkehrs auf der Strecke Stuttgart-Zuffenhausen–Weil der Stadt. Gleichwohl waren die Betriebsleistungen des Jahres 1939 erheblich niedriger, weil mit Ausbruch des Krieges am 1. September der gesamte elektrische Fernzugverkehr und der Triebwagenverkehr nach Tübingen während des ganzen Monats September vorsorglich eingestellt worden war.

Mit zunehmender Kriegsdauer wurde, zunächst abgesehen vom Vorortbetrieb, der Personenzugverkehr immer mehr eingeschränkt. So waren im Sommerfahrplan 1941 sämtliche ET 65-Leistungen über Plochingen hinaus entfallen. Auf den Strecken Ludwigsburg–Plochingen und Stuttgart–Weil der Stadt gab es allerdings noch keine Reduzierungen.

Anläßlich des zehnjährigen Jubiläums des elektrischen Vorortbetriebes im Mai 1943 wurde eine interessante Bilanz über die Bewährung der elektrischen Anlagen gezogen:

- Die Stromversorgung von Bayern her setzte nur sehr selten und kurzzeitig aus. Auch der Stützpunkt in Stuttgart funktionierte zuverlässig, so daß insgesamt Betriebsstörungen wegen mangelnder Energiezufuhr kaum aufgetreten sind.
- Ein bemerkenswerter Zuwachs der Energieversorgung war der seit März 1936 in Betrieb genommene Umrichter Pforzheim, der nach neuartigen Plänen der Firma BBC gebaut, Drehstrom der Badenwerke in Einphasenwechselstrom umformte und ins 110 kV-Bahnstromnetz einspeiste.
- Fernleitungsstörungen traten nur sehr selten auf. Insbesondere zeigten sich keinerlei Störungen an der Albüberquerung; allerdings ergaben die an dieser Stelle vorgekommenen Rauhreifmessungen nur in einem Falle einen Eisansatz von 6 bis 7 cm.
- Durch Gewitter sind nur vereinzelt Zerstörungen der Isolationsketten und einmal ein Seilbruch eingetreten.
- In einem Schaltposten sind Stromwandler, wahrscheinlich infolge nicht einwandfreier Ölfüllung, zerknallt.
- Im Unterwerk Plochingen traten an zwei Durchführungsisolatoren von 110 kV-Ölschaltern Durchschläge, wahrscheinlich infolge schlechten Öles, ein. Nach einigen Jahren wiederholten sich die Durchschläge, wobei schließlich als Fehlerquelle Klingeritdichtungen ausgemacht wurden, die mit einem Teil in die Ölfüllung hineinragten. Im Laufe der Jahre wurde der Dichtungsstoff unter dem Einfluß des Öles, der Schwerkraft und des elektrischen Feldes an seinem inneren Rande so weit aufgelöst, daß kleine Faserteilchen sich in Richtung der Feldlinien und der Schwerkraft zu Fäden anordneten und eine, infolge der Durchsetzung mit Ölschlamm und Feuchtigkeit leitende Brücke zwischen Erde und dem Pertinaxrohr herstellten. Auf der Oberfläche dieses Rohres bildeten sich bis zu dem unteren, Spannung führenden Kopf des Isolators Kriechströme auf einer Länge von 64 cm, die sich im Laufe der Jahre immer tiefer in die Oberfläche einbrannten. Diese führten

schließlich gelegentlich eines Erdschlusses, der an der gesunden Phase doppelte Spannung hervorrief, zu einem Überschlag längs dieses Weges. Die Ausdehnungsgefäße waren der dadurch bedingten starken Gasentwicklung nicht gewachsen, so daß der untere Porzellanüberwurf explodierte. Die Klingeritdichtungen wurden überall durch Buna ersetzt und so ausgebildet, daß die Dichtungen nicht in die Ölfüllung hineinragen.

- Die Bauweise der Fahrleitungsanlagen hat sich im allgemeinen recht gut bewährt. Störungen, die auf die Anlage selbst zurückzuführen waren, traten nur vereinzelt bei großer Kälte auf. Probleme bereiteten die nicht nachgespannten Trag- und Querseile, wo bei absinkender Temperatur die Gefahr bestand, daß bei ungewöhnlich starkem Bügeldruck Teile der Fahrleitungsanlage vom Bügel ergriffen werden. Dies geschah auch an einigen Stellen. Besonders unangenehm war eine solche Störung in den engsten Krümmungen der Strecke nach Weil der Stadt, die abweichend von der Einheitsbauart mit einer windschiefen, mastsparenden Fahrleitungsanlage ausgerüstet wurde. Hier gerieten allerdings bei ganz ungewöhnlicher Kälte (-24 °C) einige auf Druck beanspruchte Seitenhalter beim Befahren in labiles Gleichgewicht und klappten nach oben. Alle diese Mängel konnten aber mit geringen Mitteln leicht behoben werden.
- Gut bewährt hat sich auch der Grundsatz, durch Querseilaufhängungen und sonstige geeignete Maßnahmen die Masten möglichst aus dem Gefahrenbereich entgleisender oder umstürzender Fahrzeuge herauszurücken. Nur in wenigen Fällen gab aus solchem Anlaß Mastumbrüche. Eine besonders schwere Störung dieser Art trat auf dem Bf Esslingen ein, wo durch eine verschobene Ladung schwerer Stahlplatten eines mit voller Geschwindigkeit fahrenden Güterzuges vier Querseilmaste nacheinander umgeschlagen wurden.
- Bis zu einem gewissen Grade bauartbedingt waren auch die durch Vögel eingeleiteten Kurzschlüsse, die zunächst einen erheblichen Umfang angenommen hatten und Anlaß zu zahlreichen Abwehrmaßnahmen gaben. Mit merkwürdige Einrichtungen in der Nähe der Isolatoren, wie z.B. hahnenkammartigen Vorrichtungen, einigen Stahlspitzen oder auch unsymmetrischen, drehbaren Drahtkreuzen versuchte man der Kurzschlüsse Herr zu werden, ohne jedoch ein Niedersetzen der Vögel an diesen gefährdeten Stellen restlos verhindern zu können.
- Auch Ratten verursachten Kurzschlüsse an einer Stelle, wo die Fahrleitungsanlage in unmittelbarer Nähe eines mit Ratten gesegneten Güterschuppens vorbeiführte. Die zur Abwehr angebrachten Blechscheiben veranlaßten die Tiere zu Umwegen, mit denen keiner gerechnet hatte: Sie sind an einem senkrechten Hängerseil emporgeklettert, dann weiter auf dem horizontalen Richtseil und auch noch ein Stück auf dem Tragseil entlang. Der Flammentod des ersten Tieres konnte das zweite nicht davon abhalten, denselben beschwerlichen Weg zu gehen.
- Bemerkenswert war auch ein Kurzschluß durch einen Affen, der in Cannstatt einem Spielbudenbesitzer entlaufen war.
- Insgesamt gab es im Durchschnitt der ersten zehn Jahre elektrischen Betriebs etwa 25 Kurzschlüsse monatlich, von denen
  - 20 % auf Einfahrt in geerdete oder nicht bespannte Gleise,
  - 19 % auf Schäden an Triebfahrzeugen,
  - 15 % auf Tiere,
  - 9 % auf Fehlschaltungen und
  - 7 % auf Blitzschläge und sonstige Überschläge zurückzuführen waren. In der letzten Zahl sind zu einem großen Teil Überschläge enthalten, die durch stark qualmende Dampflokomotiven, insbesondere bei Nebel, und durch die kriegsbedingt angebrachten Vernebelungsanlagen eingetreten waren.
- An der Fortentwicklung der Fahrleitungsanlagen beteiligte sich die Reichsbahndirektion Stuttgart rege, soweit es ihr möglich war. Insbesondere stellte sie ihre stark und mit hoher Geschwindigkeit befahrenen Strecken zur Erprobung von Fahrleitungen aus Heimstoffen zur

Verfügung. So wurde z.B. auf der Vorortstrecke eine Aldrey-Fahrleitung erprobt, auf der Fernstrecke nach Ulm eine Fahrleitung aus kohlenstoffarmem Eisen und Stahlaluminium. Während die Aldrey-Leitung sehr rasch wieder ausgebaut werden mußte, hatte man allmählich einen Stahlalu-Querschnitt gefunden, der sich voll zu bewähren schien und in gewissem Umfange sogar Vorzüge gegenüber dem Kupferfahrdraht besaß. In einem Tunnel wurden außerdem für die geplante Münchener S-Bahn (1943!), die zum Teil unterirdisch projektiert war, neuartige Fahrleitungen mit besonders niederer Bauhöhe erprobt.

Der totale Krieg

Schließlich wurde in den letzten Kriegsjahren auch der Vorortverkehr geringfügig ausgedünnt. Im letzten Fahrplan der Kriegszeit (Jahresfahrplan 1944/45) war auf der Strecke Esslingen–Ludwigsburg die tägliche Zugfolge (zwischen 8 und 23 Uhr) auf dreißig Minuten heraufgesetzt worden, nur werktags von 11 bis 20 Uhr gab es noch den normalen 20-Minuten-Takt.

Erstaunlich gut überstanden die ET 65 den Krieg und vor allem die großen Angriffe auf Stuttgart und den Stuttgarter Hbf (am 22. November 1942, am 25. Juli und am 12. September 1944). Die Ursache lag vor allem in der Anordnung, die Triebwagen nachts an den Endpunkten des elektrischen Vorortbetriebs (Weil der Stadt, Ludwigsburg, Plochingen) abzustellen und tagsüber bei Bombenalarm schnellstmöglich in einen geschützten Ort wie Tunnel oder Einschnitt einzufahren. Nur ein Triebwagen ist als Kriegsverlust anzusehen: ET 65 004 brannte bei einem Bombenangriff am 9. August 1944 auf das RAW Karlsruhe völlig aus, als er sich dort zu einer wagenbaulichen Ausbesserung befand.

Als Folge des Unfalles vom 2. November 1944 mußte darüber hinaus noch ET 65 011 ausgemustert werden.

Die Steuerwagen ES 65 hatten nicht so viel Glück. Gleich zwei (ES 65 009 und 020) erwischte am 2. Juni 1944 ein Bombenangriff auf das RAW Cannstatt, ein weiterer (ES 65 023) verbrannte am 16. Juli 1944 im RAW Cannstatt, ebenfalls nach dem Abwurf von Fliegerbomben. Bei den Beiwagen waren EB 65 001b, 015a/b und 029a als Kriegsverluste abzubuchen.

Im November wurden die ET 55 des Bw Basel Badischer Bf vor den heranrückenden alliierten Truppen zur Rbd Stuttgart rückgeführt. Sie übernahmen hier u.a. Leistungen von den ET 65 auf der Strecke Stuttgart–Weil der Stadt. Die freigesetzten ET 65 dienten auf ihrer alten Stammstrecke als Verstärker im Berufsverkehr. Bald nach Umbeheimatung der ET 55 kam es am Morgen des 29. November 1944 zwischen Feuerbach und Zuffenhausen zu einem schweren Auffahrunfall, bei dem ES 65 018 zerstört und ET 55 04 (erst seit dem 20. November beim Bw Tübingen) schwer beschädigt wurde.

Die Front rückte nun immer näher an das Reichsgebiet heran. Als die Sowjetarmee Ende Januar 1945 in Schlesien einmarschierte, wurde mit Verfügung vom 12. Februar 1945 angewiesen, die in Hirschberg/Riesengebirge stationierten ET 51 01, 03 und 04 sowie den Halberstädter ET 51 14 mit zugehörigen Steuer- und Beiwagen nach Esslingen auszulagern.

Lediglich die Einheit ET 51 01/EB 51 01/ES 51 11 traf am 10. März 1945 in Esslingen ein. Die anderen Fahrzeuge waren bei der Überführung fehlgeleitet worden und verblieben größtenteils in Mitteldeutschland beim Bw Leipzig Hbf West. Der ET 51 01, der übrigens sehr schnell vom Esslinger Personal aufgrund seiner Herkunft und seines andersartigen Aussehens den Spitznamen »Iwan« erhielt, kam dann sofort zusammen mit den ET 65 im Vorortverkehr zum Einsatz.

Am 22. April 1945 standen sich in Stuttgart am Neckarufer französische und amerikanische Truppen gegenüber und der Eisenbahnbetrieb kam zunächst einmal zum Erliegen. Auch hatten deutsche Pioniere kurz vor Kriegsende aufgrund des von Hitler erlassenen Befehls der »verbrannten Erde« die wichtigsten Eisenbahnbrücken im Großraum Stuttgart gesprengt, so daß u.a. der Hauptbahnhof gar nicht mehr angefahren werden konnte.

314, 314 a

314 Nahverkehr Stuttgart Hbf-Eßlingen (Neckar)-Plochingen

Elektrischer Betrieb — Alle Züge 2.3. Klasse

Weitere Züge siehe Strecke 315 und 317

km	RBD Stuttgart Zug Nr		985	709	719	4029	4041	w7[illegible]	w765	775	779	783	w787	791	w795	801	819	825	S837	839
0,0	Stuttgart Hbf	ab	0.02	1.02	1.52	2.42	3.42	5.42	5.52	6.32	w6.52	7.12	7.32	7.52	8.12	8.42	10.12	10.42	11.42	w11.52
3,4	Stg-Bad Cannstatt		0.06	1.06	1.56	2.46	3.46	5.46	5.56	6.36	6.56	7.16	7.36	7.56	8.16	8.46	10.16	10.46	11.46	11.56
6,9	Stg-Untertürkheim Pbf		0.11	1.11	2.01	2.51	3.51	5.51	6.01	6.41	7.01	7.21	7.41	8.01	8.21	8.51	10.21	10.51	11.51	12.01
9,3	Stg-Obertürkheim		0.14	1.14	2.04	2.54	3.54	5.54	5.04	6.44	7.04	7.24	7.44	8.04	8.24	8.54	10.24	10.54	11.54	12.04
11,1	Eßlingen-Mettingen		0.17	1.17	2.07	2.57	3.57	5.57	6.07	6.47	7.07	7.27	7.47	8.07	8.27	8.57	10.27	10.57	11.57	12.07
13,2	Eßlingen (Neckar)	an	0.20	1.20	2.10	3.00	4.00	6.00	6.10	6.50	w7.10	7.30	7.50	8.10	8.30	9.00	10.30	11.00	12.00	w12.10
	Eßlingen (Neckar)	ab	...	...	...	...	...	...	...	...	7.13	...	...	8.13	...	...	10.31	11.05	12.11	12.11
15,4	Obereßlingen		...	...	...	...	...	...	...	...	7.16	...	...	8.16	...	...	10.34	11.08	12.15	12.15
18,0	Zell (Württ)		...	...	...	...	...	...	...	...	7.19	...	...	8.19	...	...	10.37	11.11	12.18	12.18
19,5	Altbach		...	...	...	...	...	...	...	...	7.22	...	...	8.22	...	...	10.40	11.14	12.21	12.21
22,3	Plochingen	an	...	...	...	...	...	...	...	...	7.25	...	...	8.25	...	...	10.43	11.17	12.24	12.24

Stuttgart - Eßlingen (Neckar)
an S von 8.42 bis 23.12 alle 30 Minuten
an W von 8.42 bis 11.12 und
20.12 bis 23.12 alle 30 Minuten
von 11.12 bis 20.12 alle 20 Minuten
In jeder Stunde wiederholend

(Fortsetzung) Zug Nr			w847	S849		867	879	891		2907	913	915		S3041	917	w923	945	951		681	963		969		3053	975
Stuttgart Hbf	ab	...	12.32	12.42	...	14.12	15.12	16.12	...	w	a18.02	18.12	...	Sa 925	18.22	18.52	20.42	21.12	...	21.30	22.12	...	22.42	...	23.02	23.12
Stg-Bad Cannstatt		...	12.36	12.46	...	14.16	15.16	16.16	...	außer	18.06	18.16	...	...	18.26	18.56	20.46	21.16	...	21.36	22.16	...	22.46	...	23.06	23.16
Stg-Untertürkheim Pbf		...	12.41	12.51	...	14.21	15.21	16.21	...	Sa	18.11	18.21	...	...	18.31	19.01	20.51	21.21	...	21.41	22.21	...	22.51	...	23.11	23.21
Stg-Obertürkheim		...	12.44	12.54	...	14.24	15.24	16.24	...	...	18.14	18.24	...	...	18.34	19.04	20.54	21.24	...	21.46	22.24	...	22.54	...	23.14	23.24
Eßlingen-Mettingen		...	12.47	22.57	...	14.27	15.27	16.27	...	...	18.17	18.27	...	...	18.37	19.07	20.57	21.27	...	|	22.27	...	25.57	...	23.17	23.27
Eßlingen (Neckar)	an	...	12.50	13.00	...	14.30	15.30	16.30	...	...	18.20	18.30	...	...	18.40	19.10	21.00	21.30	...	21.50	22.30	...	23.00	...	23.20	23.30
Eßlingen (Neckar)	ab	...	12.57	13.10	...	14.38	b15.35	16.35	...	17.38	18.22	...	...	18.34	18.42	19.14	21.03	21.36	...	21.52	22.31	...	23.11	...	...	...
Obereßlingen		...	13.00	13.13	...	14.41	15.38	16.38	...	17.43	18.25	...	...	18.37	18.45	19.17	21.06	21.39	...	|	22.34	...	23.14	...	...	...
Zell (Württ)		...	13.03	13.16	...	14.44	15.41	16.41	...	17.48	18.29	...	...	18.41	18.49	19.21	21.09	21.42	...	|	22.37	...	23.17	...	...	...
Altbach		...	13.06	13.19	...	14.47	15.44	16.44	...	17.52	18.32	...	...	18.44	18.52	19.24	21.12	21.45	...	|	22.40	...	23.20	...	...	...
Plochingen	an	...	13.09	13.22	...	14.50	b15.47	16.47	...	17.56	a18.35	...	...	18.47	18.55	19.27	21.15	21.48	...	22.00	22.43	...	23.23	...	...	...

917: W außer Sa

a W außer Sa
b täglich außer Sa

314 Nahverkehr Plochingen-Eßlingen (Neckar)-Stuttgart Hbf

Elektrischer Betrieb — Alle Züge 2.3. Klasse

km	RBD Stuttgart Zug Nr		716	728	4046	758	764	774	W778	S778		w782	786	790	794	798		w800	802	814	5232
0,0	Plochingen	ab	...	b6	b6	...	b6	w5.00	...	...	...	...	...	6.26	...	7.06	...	...	...	8.28	9.59
2,8	Altbach		...	...	...	...	...	5.03	...	...	...	...	...	6.29	...	7.09	...	...	...	8.31	|
4,3	Zell (Württ)		...	...	...	...	...	5.06	...	...	...	...	...	6.32	...	7.12	...	...	...	8.34	|
6,9	Obereßlingen		...	...	...	...	...	5.09	...	...	...	...	...	6.35	...	7.15	...	...	...	8.37	|
9,1	Eßlingen (Neckar)	an	...	...	...	...	...	w5.12	...	...	...	...	...	6.38	...	7.18	...	...	...	8.40	10.08
	Eßlingen (Neckar)	ab	0.33	1.33	3.03	4.03	4.43	5.13	5.33	5.43	...	6.03	6.23	w6.43	7.03	7.23	...	7.33	7.43	8.43	...
11,2	Eßlingen-Mettingen		0.36	1.36	3.06	4.06	4.46	5.16	5.36	5.46	...	6.06	6.26	6.46	7.06	7.26	...	7.36	7.46	8.46	...
13,0	Stg-Obertürkheim		0.39	1.39	3.09	4.09	4.49	5.19	5.39	5.49	...	6.09	6.29	6.49	7.09	7.29	...	7.39	7.49	8.49	...
15,4	Stg-Untertürkheim Pbf		0.42	1.42	3.12	4.12	4.52	5.22	5.42	5.52	...	6.12	6.32	6.52	7.12	7.32	...	7.42	7.52	8.52	...
18,9	Stg-Bad Cannstatt		0.47	1.47	3.17	4.17	4.57	5.27	5.47	5.57	...	6.17	6.37	6.57	7.17	7.37	...	7.47	7.57	8.57	...
22,3	Stuttgart Hbf	an	0.51	1.51	3.21	4.21	5.01	5.31	5.51	6.01	...	6.21	6.41	w7.01	7.21	7.41	...	7.51	8.01	9.01	...

Eßlingen (Neckar) - Stuttgart
an S von 7.43 bis 22.43 alle 30 Minuten
an W von 7.43 bis 10.43 und
19.43 bis 22.43 alle 30 Minuten
von 10.43 bis 19.43 alle 20 Minuten
In jeder Stunde wiederholend

(Fortsetzung) Zug Nr		832		w846 b6		w854	w866		Sa 1324	874	894 b6		906	910		914	942 b S	970	976	982		990 b6	992 b6	998
Plochingen	ab	...	...	11.06	...	11.46	12.45	...	13.07	13.25	15.03	...	b16.08	S16.30	...	16.50	w19.08	21.23	22.00	...	...	23.10	...	23.48
Altbach		...	...	11.09	...	11.49	12.48	...	13.11	13.28	15.06	...	16.11	16.33	...	16.53	19.11	21.26	22.03	...	...	23.13	...	23.51
Zell (Württ)		...	...	11.12	...	11.52	12.51	...	|	13.31	15.09	...	16.14	16.36	...	16.56	19.14	21.29	22.06	...	...	23.16	...	23.54
Obereßlingen		...	...	11.15	...	11.55	12.54	...	13.15	13.34	15.12	...	16.17	16.39	...	16.59	19.17	21.32	22.09	...	...	23.19	...	23.57
Eßlingen (Neckar)	an	...	...	11.18	...	11.58	12.57	...	13.19	13.37	15.15	...	b16.20	S16.42	...	17.02	19.20	21.35	22.12	...	...	23.22	...	24.00
Eßlingen (Neckar)	ab	10.13	...	11.23	...	12.03	13.03	...	3. Kl	13.43	w15.23	...	w16.23	16.43	...	w17.03	19.23	21.43	22.13	22.43	...	...	23.33	...
Eßlingen-Mettingen		10.16	...	11.26	...	12.06	13.06	...	...	13.46	15.26	...	16.26	16.46	...	17.06	19.26	21.46	22.16	22.46	...	...	23.36	...
Stg-Obertürkheim		10.19	...	11.29	...	12.09	13.09	...	...	13.49	15.29	...	16.29	16.49	...	17.09	19.29	21.49	22.19	22.49	...	...	23.39	...
Stg-Untertürkheim Pbf		10.22	...	11.32	...	12.12	13.12	...	...	13.52	15.32	...	16.32	16.52	...	17.12	19.32	21.52	22.22	22.52	...	...	23.42	...
Stg-Bad Cannstatt		10.27	...	11.37	...	12.17	13.17	...	...	13.57	15.37	...	16.37	16.57	...	17.17	19.37	21.57	22.27	22.57	...	...	23.47	...
Stuttgart Hbf	an	10.31	...	11.41	...	12.21	13.21	...	...	14.01	w15.41	...	w16.41	17.01	...	W17.21	w19.41	22.01	22.31	23.01	...	...	23.51	...

b täglich außer Sa

314 a Nahverkehr Stuttgart Hbf-Ludwigsburg-Bietigheim (Württ)

Weitere Züge siehe Strecke 311, 315 und 318 k — *Elektrischer Betrieb* Stuttgart-Ludwigsburg — Alle Züge 2.3. Klasse

km	RBD Stuttgart Zug Nr			766	728	4052	764	w774	778	w782	786	w790	794	w798	802	962	992	
0,0	Stuttgart Hbf	ab	...	0.54	1.54	3.54	5.04	5.44	6.04	6.24	6.44	7.04	7.24	7.44	8.04	23.04	23.54	...
2,8	Stuttgart Nord		...	0.58	1.58	3.58	5.08	5.48	6.03	6.28	6.48	7.03	7.28	7.48	8.08	23.08	23.58	...
4,6	Stg-Feuerbach		...	1.01	2.01	4.01	5.11	5.51	6.11	6.31	6.51	7.11	7.31	7.51	8.11	23.11	0.01	...
6,5	Stg-Zuffenhausen		...	1.04	2.04	4.04	5.14	5.54	6.14	6.34	6.54	7.14	7.34	7.54	8.14	23.14	0.04	...
10,4	Kornwestheim Pbf		...	1.09	2.09	4.09	5.19	5.59	6.19	6.39	6.59	7.19	7.39	7.59	8.19	23.19	0.09	...
13,9	Ludwigsburg	an	...	1.13	2.13	4.13	5.23	6.03	6.23	6.43	7.03	7.23	7.42	8.03	8.23	23.23	0.13	...
	Ludwigsburg	ab	...	...	...	...	...	...	...	...	...	...	...	...	...	...	...	...
17,5	Asperg		...	...	...	...	...	...	...	...	...	...	...	...	...	...	...	...
20,2	Tamm (Württ)		...	...	...	...	...	...	...	...	...	...	...	...	...	...	...	...
23,4	Bietigheim (Württ)	an	...	...	...	...	...	...	...	...	...	...	...	...	...	...	...	...

weiter an S von 8.04 bis 23.04 alle 30 Minuten
an W von 8.04 bis 11.04
und 20.04 bis 23.04 alle 30 Minuten
von 11.04 bis 20.04 alle 20 Minuten
In jeder Stunde wiederholend

314 a Nahverkehr Bietigheim (Württ)-Ludwigsburg-Stuttgart Hbf

Weitere Züge siehe Strecke 311, 315 und 318 k — *Elektrischer Betrieb* Ludwigsburg-Stuttgart — Alle Züge 2.3. Klasse

km	RBD Stuttgart Zug Nr			709	719	4029	4041	753	765	775	w779	783	w787	791	w751	801	985	
0,0	Bietigheim (Württ)	ab	...	b6	b6	b6	b6	b6	b6	b6	b6	b6	b6	b6	b6	b6	b6	...
3,2	Tamm (Württ)		...	...	...	...	...	...	...	...	...	...	...	...	...	...	...	...
5,9	Asperg		...	...	...	...	...	...	...	...	...	...	...	...	...	...	...	...
9,5	Ludwigsburg	an	...	...	...	...	...	...	...	...	...	...	...	...	...	...	...	...
	Ludwigsburg	ab	...	0.41	1.31	2.21	3.21	4.20	5.27	6.11	6.31	6.51	7.11	7.31	7.51	8.21	23.41	...
13,0	Kornwestheim Pbf		...	0.45	1.35	2.25	3.25	4.24	5.32	6.15	6.35	6.55	7.15	7.35	7.55	8.25	23.45	...
16,9	Stg-Zuffenhausen		...	0.50	1.40	2.30	3.30	4.29	5.37	6.20	6.40	7.00	7.20	7.40	8.00	8.30	23.50	...
18,8	Stg-Feuerbach		...	0.53	1.43	2.33	.33	4.32	5.41	6.23	6.43	7.03	7.23	7.43	8.03	8.33	23.53	...
20,6	Stuttgart Nord		...	0.55	1.45	2.35	3.35	4.34	5.44	6.25	6.45	7.05	7.25	7.45	8.05	8.35	23.55	...
23,4	Stuttgart Hbf	an	...	0.59	1.49	2.39	3.39	4.38	5.48	6.29	6.49	7.09	7.29	7.49	8.09	8.39	23.59	...

weiter an S von 8.21 bis 22.51 alle 30 Minuten
an W von 8.21 bis 10.51
und 19.51 bis 22.51 alle 30 Minuten
von 10.51 bis 19.51 alle 20 Minuten
In jeder Stunde wiederholend

Das Fahrplanangebot im letzten Kriegswinter 1944/45. *Abbildung: Sammlung Gerhard Rieger*

Man mag kaum glauben, daß hier überhaupt noch Züge fahren konnten. Am 22. November 1942 wurde Stuttgart bombardiert. Der Stuttgarter Hauptbahnhof bot nach dem Angriff ein Bild des Grauens. *Aufnahme: Archiv Stuttgart Hbf.*

Am 12. September 1944 legte ein Bombenangriff den Stuttgarter Hauptbahnhof in Schutt und Asche. Dennoch überstanden die ET 65 die Bombennächte erstaunlich gut, weil sie über Nacht außerhalb Stuttgarts abgestellt wurden. Vom Bahnhofsturm bot sich im Herbst 1944 dieses Bild der Verwüstung. Auf dem Vorortgleis wartet eine ET 65-Garnitur auf Ausfahrt, im Hintergrund rollen zwei Straßenbahnzüge die Heilbronner Straße hinab. *Aufnahme: Archiv Stuttgart Hbf.*

Schneller Wiederaufbau

Vordringlichstes Ziel der Besatzungstruppen war nach der Kapitulation, den Eisenbahnbetrieb auf Strecken mit strategischer Bedeutung zur Sicherung ihrer Militärtransporte wiederaufzunehmen. Als erstes wurde Anfang Mai 1945 von amerikanischen Pioniertruppen der gesprengte König-Wilhelm-Viadukt an der Güterbahn bei Stuttgart-Münster als eingleisige Behelfsbrücke wiederhergestellt, um den Verkehr auf der Hauptbahn von Bretten über Kornwestheim–Untertürkheim nach Ulm und weiter nach Augsburg in Gang zu bringen.

Von den Amerikanern aufgrund seiner Abteile 2. Klasse und seines größeren Gepäckraums beschlagnahmt, verkehrte der ET 51 01 täglich im Kurierdienst als Post- und Expreßzug von Mai bis August 1945 in der Relation Kornwestheim–Augsburg mit Zwischenhalt in Ulm. In den folgenden Monaten war er auch als Zuglokomotive vor Güterzügen zu finden, stand jedoch ab Anfang 1946 dem Vorortbetrieb wieder zur Verfügung.

Ende Juni 1945 wurde in bescheidenem Maße der Vorortbetrieb auf den Strecken Ludwigsburg–Stuttgart Hbf (23. Juni) und Esslingen–Stuttgart-Bad Cannstatt wieder aufgenommen. Anfangs fuhren zwischen Stuttgart Hbf und Ludwigsburg im Schnitt alle 70 Minuten in jeder Richtung täglich 13 Züge. Stundentakt gab es ab 16. Juli 1945 und ab Oktober 1945 konnten die Vorortzüge nur mit speziellen Berufsausweisen benutzt werden, da die wenigen Züge ständig überfüllt waren. Mit Inbetriebnahme der behelfsmäßigen eingleisigen Rosensteinbrücke war Ende 1945 der Hauptbahnhof auch wieder aus Richtung Esslingen erreichbar.

Glück im Unglück war die am 8. Juli 1945 erfolgte Übernahme des Großraumes Stuttgart in amerikanische Besatzungshoheit. So wurden die elektrischen Anlagen und Fahrzeuge nicht als Reparationsleistungen abgebaut und deportiert wie 1945/46 von den Sowjets in Mittel- und Ostdeutschland sondern schon relativ früh entscheidende Schritte zum Wiederaufbau eingeleitet: Der Länderrat des amerikanischen Besatzungsgebietes beschloß am 3. September 1946 das sogenannte Alpha-Programm, welches als erste Priorität die Sicherung des Instandsetzungsprogrammes für Triebfahrzeuge, Reisezug- und Güterwagen vorsah. Dies war auch dringend notwendig. So standen zu Beginn des Jahres 1946 für den Stuttgarter Vorortverkehr theoretisch dreiundzwanzig ET 65 und ein ET 51 zur Verfügung. Die Praxis sah allerdings ganz anders aus: Durch ungenügende Wartung während des Krieges waren die Fahrzeuge ziemlich heruntergewirtschaftet und mußten dringend den Ausbesserungswerken zur Aufarbeitung zugeführt werden. Im Januar 1947 befanden sich beispielsweise die ET 65 016-020 im RAW, während ET 65 001, 003, 006-008, 022, 024 und 025 auf Aufnahme ins RAW warteten. Lediglich acht ET 65 und ET 51 01 waren in diesem Monat im Einsatz.

Weitgehend normalisiert hatten sich die Verhältnisse zum Sommerfahrplan 1949. Auf der Vorortlinie gab es zwischen Esslingen und Ludwigsburg täglich von 5 bis 24 Uhr einen 30-Minuten-Takt, in den werktäglichen Spitzenverkehrszeiten (morgens, mittags, abends) inzwischen sogar schon wieder einen 20-Minuten-Takt. Von Esslingen nach Plochingen wurde annähernd im Stundentakt gefahren, teilweise auf halbstündliche Intervalle verkürzt. Über Plochingen hinaus kamen die ET 65 mit je zwei Zugpaaren nach Nürtingen und Süßen, sonntags mit einem Zugpaar darüber hinaus bis Geislingen.

Weitere Elektrifizierungen

Nach Instandsetzung der zerstörten Gleis- und Signalanlagen sowie der beschädigten Triebwagen war schon im Jahr 1948 der Ruf aufgekommen, die Räume Bietigheim und Waiblingen in das elektrische Netz des Vorortverkehrs einzubeziehen. Die Aufnahme des elektrischen Betriebes auf der Strecke Stuttgart-Bad Cannstatt–Waiblingen am 2. Oktober 1949 brachte für die ET 65 keine zusätzlichen Leistungen, da hier im Vorortverkehr ausschließlich ET 55 zum Einsatz kamen. Anders sah es dagegen auf der seit 8. Oktober 1950 elektrifizierten Strecke Ludwigsburg–Bietigheim aus. Fast stündlich verkehrten die ET 65 tagsüber

Relativ schnell kam der Vorortverkehr in den Nachkriegsjahren wieder ins Rollen. Schon 1949/50 wurden die Strecken Bad Cannstatt–Waiblingen und Ludwigsburg–Bietigheim elektrifiziert. Während nach Waiblingen ET 55 fuhren, wurde die Strecke nach Bietigheim zur Domäne der ET 65. Zwischen Asperg und Ludwigsburg ist an Ostern 1959 ein Kurzzug unterwegs.
Aufnahme: Richard Junghans

Am 14. Juli 1959 verläßt ET 65 002 Ludwigsburg in Richtung Bietigheim. *Aufnahme: Sammlung Koppisch, Archiv transpress*

In die Gegenrichtung war am gleichen Tag der ET 65 019 unterwegs, aufgenommen im Bahnhof Ludwigsburg.
Aufnahme: Sammlung Koppisch, Archiv transpress

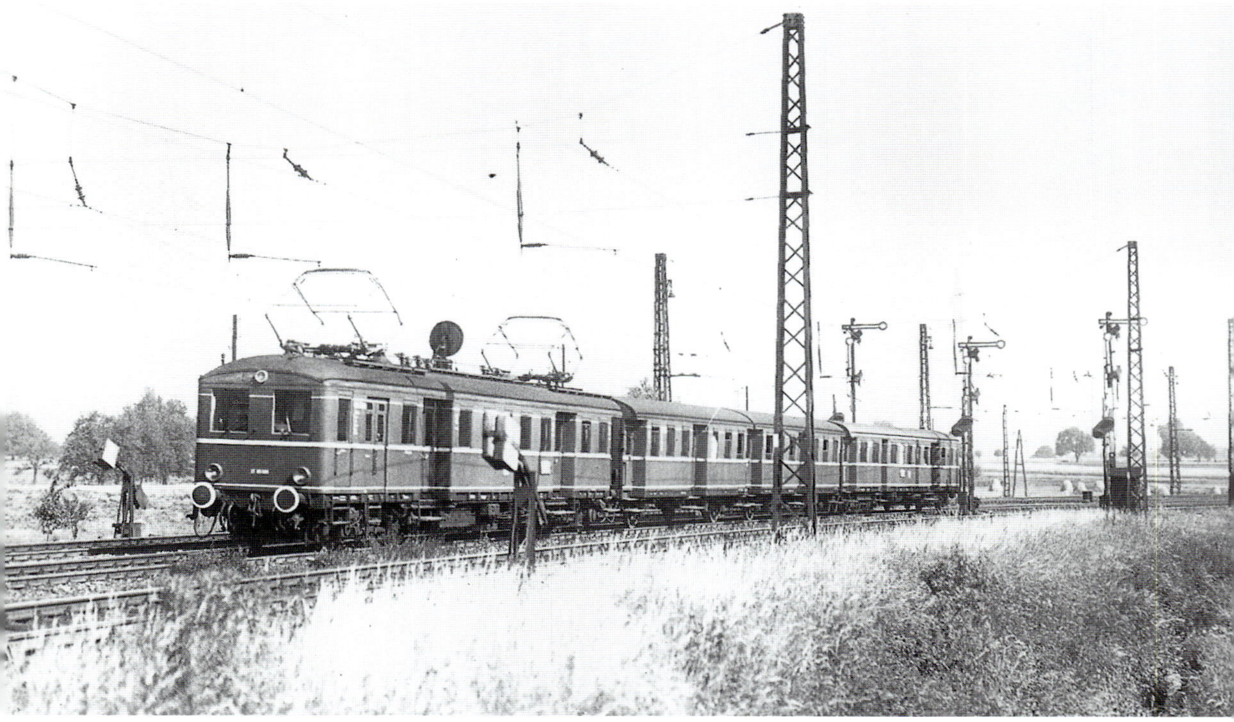

Ende der fünfziger Jahre rollt ein teilmodernisierter ET 65 durch den Bahnhof Tamm.
Aufnahme: Carl Bellingrodt, Sammlung Thomas Estler

Eröffnung des elektrischen Zugbetriebs auf der Strecke Bietigheim–Mühlacker am 6. Oktober 1951. Die Festrede im Bahnhof Bietigheim hielt Vizepräsident Stroebe.
Aufnahme: Sammlung Gerhard Rieger

durchgehend von Plochingen über Stuttgart Hbf nach Bietigheim.

Ab 1953 herrschten auf der Stammlinie Esslingen–Ludwigsburg wieder Vorkriegsverhältnisse. Die Hauptlast des täglichen 20-Minuten-Takt zwischen 7 und 21 Uhr trugen nach wie vor die ET 65. Daran sollte sich bis 1977 auch nichts ändern, sieht man davon ab, daß umlaufplanbedingt seit Kriegsende vereinzelt auch ET 55 (und später auch ET 25 und 27) im Vorortverkehr auf der Stammstrecke eingesetzt waren.

Die weitere Elektrifizierung der Westbahn auf den Abschnitten Bietigheim–Mühlacker (Eröffnung am 6. Oktober 1951) und Mühlacker–Bretten (Eröffnung am 23. Mai 1954) brachte keine wesentliche Erweiterung des ET 65-Einsatzgebietes mehr. Wie auf Plochinger Seite über die Jahre hinweg nur einzelne Spitzen nach Wendlingen, Nürtin-

Für die Schuljugend wurde zur Eröffnung des elektrischen Betriebes ein Triebwagensonderzug gefahren, der aus zwei ET 65 bestand. Festlich geschmückt wartet ET 65 002 am 6. Oktober 1951 auf die Weiterfahrt. *Aufnahme: Sammlung Gerhard Rieger*

326 *(Elektr Betrieb)* **326** Gesamtverk **Bietigheim** (Württ)—**Ludwigsburg—Stuttgart** Alle Züge 1. u 2. Kl, wenn nichts anderes angegeben **326**

Die elektr Vorortzüge fahren in Stuttgart Hbf weiter in Richtung Eßlingen/Plochingen (siehe Strecke 326 a)

km	BD Stuttgart Zug Nr	N 3981	N 3987	N 3707	N 3195	1800 2.	N 3715	N 3725	N 3737	N 3743	N 3149	N 3751	†1111	X N 3151	X1115	X N 3757	X1119	N 3761	X1712	2111	X N 3763	X2113	X1706	N 3765	1808 ●	X2121	X1708
0,0	Bietigheim (Württ) ab	...	0.26	...	...	1.43	...	...	...	...	...	X4.46	†4.59	...	...	X5.10	X5.29	...	von Beihingen-Heutingsheim	...	X5.42	...	von Backnang	...	5.45	...	von Kirchbg (Murr)
3,2	Tamm (Württ)	...	0.30	...	...		...	...	...	...	...	4.50	5.03	...	...	5.15	5.33	...		...	5.47	...		...	5.53	...	
5,0	Asperg	...	0.33	...	...		...	...	...	...	...	4.53	5.07	...	...	5.19	5.37	...		...	5.52	...		...	5.59	...	
9,5	Ludwigsburg an	...	0.36	...	...	1.56	...	...	...	...	...	X4.58	5.11	...	...	5.24	5.41	...		...	5.56	...		...	6.05	...	
	Ludwigsburg ab	0.10	0.40	1.22	...	1.57	2.00	2.40	3.40	4.20	...	5.00	5.13	...	X5.20	5.26	5.43	5.50	X5.53	...	5.59	...	X6.00	6.08	6.07	...	⑦6.13
13,0	Kornwestheim Pbf	0.14	0.44	1.26	...		2.04	2.44	3.44	4.24	...	5.04	5.17	...	5.25	5.31	5.48	5.54	6.00	...	6.04	...	6.08	6.13	6.14	...	6.21
16,9	Stg-Zuffenhausen	0.19	0.49	1.31	1.35		2.09	2.49	3.49	4.29	4.54	5.09	5.22	X5.26	5.31	5.37	5.53	5.59		6.03	6.09	X6.12	6.14	6.18	6.20	X6.22	6.27
18,8	Stg-Feuerbach	0.22	0.52	1.34	1.38		2.12	2.52	3.52	4.32	4.58	5.12	5.26	5.30	5.36	5.41	5.56	6.02		6.08	6.12	6.17	6.19	6.22	6.25	6.27	6.31
20,6	Stuttgart Nord	0.25	0.55	1.37	1.41		2.16	2.55	3.55	4.35	5.01	5.15		5.33		5.45		6.05		6.11	6.15	6.19		6.25			
23,4	Stuttgart Hbf an	0.29	0.59	1.40	1.46	2.11	2.20	2.59	3.59	4.39	5.05	5.19	†5.32	X5.37	X5.42	X5.49	X6.03	6.09	⑦X6.12	6.15	X6.19	X6.23	③X6.26	6.29	6.33	X6.33	X6.38

1. Forts Zug Nr	X N 3767	X1121	N 3153	X1710	N 3769	X1123	E 547	1125	X N 3155	N 3773	2117	X1127	X2129	X1816 ⊕	N 3777	X1135 ⊕	E 882	2119 o6	D 152	N 3781	E 701	X2123 c6	N 3785	D 80	N 3789	1107	† N 3159
Bietigheim (Württ) ab	X5.57	X6.04	...	von Marbach (N)	...	X6.14	6.26	6.21	...	von Geislingen Steig	...	...	...	X6.48	†6.55	X7.09	7.05	...	7.12	...	7.33	...	7.35	7.46	...	8.12	...
Tamm (Württ)	6.02	6.09	...		...	6.19		6.27	...		...	...	...	6.55	6.59	7.13		...		...		...	7.39	nicht 25., 26.XII. u 1.I.	...		...
Asperg	6.06	6.14	...		...	6.23		6.33	...		...	X6.54	...	7.01	7.02	7.17		...		...		...	7.44		...		...
Ludwigsburg an	6.11	6.19	...		...	6.27	6.39	6.37	...		...	6.58	...	7.07	†7.07	7.22	7.19	...	7.25	...	7.42	...	7.48		...	8.21	...
Ludwigsburg ab	6.15	6.21	...	X6.22	6.30	6.33	6.41	6.41	...	6.50	...	7.01	...	7.09	7.10	7.25	7.21	...	7.27	7.30	7.44	...	7.50		8.10	8.23	...
Kornwestheim Pbf	6.21	6.27	...	X6.27	6.34	6.40		6.48	...	6.54	...	7.06	...	7.15	7.14			...		7.34		...	7.54		8.14		...
Stg-Zuffenhausen	6.27	6.32	6.32	an	6.39	6.45		6.54	X6.50	6.59	7.06	7.11	X7.12	7.21	7.19			7.33		7.39		X7.54	7.59		8.19		†8.31
Stg-Feuerbach	6.31	6.36	6.36		6.42	6.49		6.57	6.55	7.02	7.10	7.14	7.16	7.25	7.22			7.37		7.42		7.57	8.02		8.22		8.35
Stuttgart Nord	6.35		6.39		6.45				6.58	7.05	7.13				7.25			7.40		7.45		8.00	8.05		8.25		8.38
Stuttgart Hbf an	X6.39	X6.42	6.43		6.49	TX6.55	6.56	7.04	X7.03	7.09	7.17	X7.20	X7.22	X7.32	7.29	X7.38	7.36	7.43	7.41	7.49	7.58	X8.03	8.09	8.15	8.29	8.37	†8.42

2. Forts Zug Nr	N 3793	E 884	E 802	X N 3159	N 3797	D 545	N 3801	N 3161	N 3805	N 3157	N 3809	2127	N 3813	N 3817	E 557	E 556	N 3163	D 528	N 3821	N 3825	3165	N 3829	E 705 Ⓐ	N 3833	1153	N 3167	N 3837
Bietigheim (Württ) ab	8.16	8.26	8.37	...	...		8.55	...	...	...	...	...	9.56	...	10.32	10.36	...	10.45	10.30	...	...	11.13	11.38	...	11.52	...	11.55
Tamm (Württ)	8.20			...	...		8.59	...	...	...	...	...	10.00	...			...		10.34	...	...	11.17		...		...	11.59
Asperg	8.23			...	...		9.02	...	...	...	...	...	10.03	...			...		10.37	...	...	11.20		...		...	12.02
Ludwigsburg an	8.28	8.38	8.46	...	...	9.11	⑦9.07	...	...	...	...	...	⑧10.08	...		10.47	...	10.53	10.42	...	...	11.25	11.46	...	12.01	...	⑧12.07
Ludwigsburg ab	8.30	8.40	8.47	...	8.50	9.12	9.10	...	9.30	...	9.50	...	10.10	10.30		10.48	...	10.55	10.50	11.10	...	11.30	11.47	11.50	12.03	...	12.10
Kornwestheim Pbf	8.34			...	8.54		9.14	...	9.34	...	9.54	...	10.14	10.34					10.54	11.14	...	11.34		11.54	12.08	...	12.14
Stg-Zuffenhausen	8.39			X8.51	8.59		9.19	9.29	9.39	9.43	9.59	10.10	10.19	10.39			10.53		10.59	11.19	11.29	11.39		11.59		12.12	12.19
Stg-Feuerbach	8.42			8.55	9.02		9.22	9.32	9.42	9.46	10.02	10.14	10.22	10.42			10.56		11.02	11.22	11.33	11.42		12.02		12.16	12.22
Stuttgart Nord	8.45			8.58	9.05		9.25	9.35	9.45	9.49	10.05	10.17	10.25	10.45			10.59		11.05	11.25	11.36	11.45		12.05		12.19	12.25
Stuttgart Hbf an	8.49	8.54	9.00	X9.02	9.09	9.25	9.29	9.40	9.49	9.53	10.09	10.21	10.29	10.49	10.53	11.02	11.03	11.08	11.09	11.29	11.39	11.49	12.00	12.09	12.19	12.23	[illegible]

3. Forts Zug Nr	E 858	Sa 1155	N 3841	E 862	N 3191	N 3845	E 709	1157	D 530	N 3849	1842	3169	N 3853	2135	1756	N 3857	Sa N 3171	N 3861	Sa 1762	N 3171	Sa 2143	N 3865	N 3869
Bietigheim (Württ) ab	12.05	...	...	12.37	...	12.35	12.46	12.41	nicht 25.XII. 56	...	13.06	...	13.16	...	von Marbach (N)	...	...	13.53	von Marbach (N)	...	...	...	14.36
Tamm (Württ)			...		...	12.39		12.46		...		an Sa Zug 2133	13.20	...		...	...	13.57		...	...	...	14.40
Asperg		Sa12.20	...		...	12.43		12.50		...			13.23	...		...	...	14.00		...	...	...	14.43
Ludwigsburg an	12.19	12.24	...	12.46	...	12.48	12.55	12.55	13.04	...	13.20		13.28	...		...	...	14.05		...	...	...	14.48
Ludwigsburg ab	12.20	12.25	12.30	12.47	...	12.50	12.56	12.58	13.05	13.10	13.22	...	13.30	...	a13.46	13.50	...	14.10	Sa14.18	...	...	14.30	14.50
Kornwestheim Pbf		12.30	12.34		...	12.54		13.03		13.14		...	13.34	...		13.54	...	14.14		...	...	14.34	14.54
Stg-Zuffenhausen		12.34	12.39		b12.52	12.59				13.19		13.31	13.39	13.52		13.59	Sa14.12	14.19		b14.32	Sa14.32	14.39	14.59
Stg-Feuerbach		12.37	12.42		12.56	13.02				13.22	13.24	13.35	13.42	13.55	13.57	14.02	14.16	14.22		14.36	14.36	14.42	15.02
Stuttgart Nord			12.45		12.59	13.05				13.25		13.38	13.45			14.05	14.19	14.25		14.39		14.45	15.05
Stuttgart Hbf an	12.35	Sa12.44	12.49	13.01	b13.03	13.09	13.10	13.14	13.19	13.29	13.41	13.41	13.49	14.00	a14.04	14.09	Sa14.23	14.29	Sa14.37	b14.43	Sa14.43	14.49	15.09

4. Forts Zug Nr	E 711	Sa 1644	2141	N 3873	Sa 1766 2.	N 3877	1163	E 890	N 3881	N 3173	E 536	N 3885	E 864	N 3889	2145 o6	N 3893	1169	N 3175	E 712 Ⓐ
Bietigheim (Württ) ab	14.52	Sa14.39	...	...	von Backnang	...	15.21	15.34	15.36	...	15.54	nach Süßen	16.05	16.16	...	...	16.40	...	16.55
Tamm (Württ)		14.45	...	...		...	15.25		15.40	...				16.20	...	...	16.44	...	
Asperg		14.51	...	...		...	15.30		15.43	...				16.23	...	...	16.48	...	
Ludwigsburg an	15.00	14.56	...	...		...	15.34	15.44	15.48	...			16.16	16.28	...	...	16.52	...	17.04
Ludwigsburg ab	15.02	14.59	...	15.10	Sa15.20	15.30	15.36	15.46	15.50	...		16.10	16.18	16.30	...	16.50	16.55	...	17.06
Kornwestheim Pbf		15.07		15.14		15.34	15.41	nicht 25.XII.	15.54			16.14		16.34	...	16.54		...	
Stg-Zuffenhausen			15.12	15.19		15.39	15.46		15.59	16.04		16.19		16.39	a16.43	16.59		17.03	
Stg-Feuerbach			15.16	15.22		15.42	15.49		16.02	16.08		16.22		16.42	16.47	17.02	17.06	17.07	
Stuttgart Nord			15.19	15.25		15.45			16.05	16.11		16.25		16.45	16.49	17.05		17.10	
Stuttgart Hbf an	15.15	Sa15.20	15.23	15.29	Sa15.37	15.49	15.56	16.00	16.09	16.15	16.14	16.29	16.32	16.49	a16.53	17.09	17.12	17.14	17.20

5. Forts Zug Nr	N 3897	D 484	N 3901	2147	N 3177	N 3905	E 646	N 3179	N 3909	X 1776 § 2.	N 3913	4817 o6	X2157 †3181	E 715	N 3917	1856	1171 2.	N 3181	N 3921
Bietigheim (Württ) ab	...	17.06	17.15	...	...	...	17.44	...	17.52	von Backnang	...	a18.17	...	18.37	18.33	18.40	18.44	...	...
Tamm (Württ)	...		17.19	...	...	...		...	17.56		...	18.21	...		18.37		18.48	...	...
Asperg	...		17.22	...	...	...		...	18.00		...	18.25	...		18.41	18.51	18.53	...	...
Ludwigsburg an	...	17.17	17.27	...	...	...	17.56	...	18.05		...	18.30	...	18.47	18.45	18.58	18.57	...	...
Ludwigsburg ab	17.10	17.18	17.30	...	...	17.50	17.58	...	18.10	X18.13	18.30	18.32	...	18.49	18.50	19.01	...	...	19.10
Kornwestheim Pbf	17.14	nicht 25.XII.	17.34	...	...	17.54		...	18.14	18.20	18.34	18.37	...		18.54	19.09	...	...	19.14
Stg-Zuffenhausen	17.19		17.39	c17.43	a17.50	17.59		18.11	18.19	18.26	18.39	18.43	18.48		18.59		...	a19.12	19.19
Stg-Feuerbach	17.22		17.42	17.47	17.54	18.02		18.16	18.22	18.30	18.42	18.46	18.51		19.02		...	19.16	19.22
Stuttgart Nord	17.25		17.45	17.50	17.57	18.05		18.19	18.25		18.45		18.54		19.05		...	19.19	19.25
Stuttgart Hbf an	17.29	17.31	17.49	c17.53	a18.01	18.09	18.12	18.23	18.29	X⑤18.37	18.49	a18.53	18.58	19.03	19.09	19.21	...	a19.23	19.29

6. Forts Zug Nr	X E 892	2159	† E 892	N 3925	D 31	N 3929	1195	2165	2818	N 3933	E 462	N 3937	† 2161 2.	† 1181 2.	D 584	N 3941	N 3185	N 3945	† 1183
Bietigheim (Württ) ab	X19.04	...	†19.19	19.16	19.35	nach Süßen	19.41	...	19.46	...	20.15	20.12	ab 26. V. 57	†20.34	20.42	...	...	20.53	†21.01
Tamm (Württ)		...		19.20			19.46	...	19.53	...		20.16		§		...	...	20.57	21.06
Asperg		...		19.23			19.50	...	19.59	...		20.19				...	...	21.00	21.11
Ludwigsburg an	19.14	...	19.31	19.28			19.55	...	20.05	...	20.24	③20.24		20.47	20.52	...	...	21.05	21.15
Ludwigsburg ab	19.15	...	19.33	19.30		19.50	19.58	...	20.06	20.10	20.25	20.30	...	20.48	20.53	20.50	...	21.10	21.17
Kornwestheim Pbf				19.34		19.54	20.03		20.15	20.14		20.34	§	ab 26. V. 57		20.54		21.14	21.22
Stg-Zuffenhausen		19.32		19.39		19.59	20.08	20.13		20.19		20.39	†20.48			20.59	21.13	21.19	21.27
Stg-Feuerbach		19.35		19.42		20.02	20.12	20.16		20.22		20.42	20.52			21.02	21.17	21.22	21.30
Stuttgart Nord		19.38		19.45		20.05		20.19		20.25		20.45				21.05	21.20	21.25	
Stuttgart Hbf an	X19.29	19.43	†19.47	19.49	19.57	20.09	20.18	20.23	20.27	20.29	20.39	20.49	†21.00	†21.02	21.06	21.09	21.23	21.29	†21.37

7. Forts Zug Nr	E 839	E 896	N 3949	2169	N 3953	N 3187	1794	N 3959	N 3965	E 866	X2167 †3193	1189	D 202	N 3971	E 607	E 554	N 3189	N 3977	E 742
Bietigheim (Württ) ab	21.12	21.18	...	...	X21.33	...	von Backnang	22.06	...	22.51	...	22.41	23.10	...	23.15	23.14	...	23.33	23.48
Tamm (Württ)			...	...	21.37	...		22.10	...		...	22.46		...			...	23.37	
Asperg			...	...	21.40	...		22.13	...		...	22.51		...			...	23.40	
Ludwigsburg an	21.23	21.32	...	...	X21.45	...		22.18	...	23.03	...	22.55		...	23.24	23.25	...	23.45	23.58
Ludwigsburg ab	21.26	21.33	21.30	...	21.50	...	a22.13	22.20	22.50	23.04	...	22.58		23.20	23.25	23.28	...	23.50	0.00
Kornwestheim Pbf		nicht 25.XII.	21.34	...	21.54	...		22.24	22.54			23.04		23.24	nicht 25.XII.		...	23.54	
Stg-Zuffenhausen			21.39	21.42	21.59	22.11		22.29	22.59		23.04	23.09		23.29			23.39	23.59	
Stg-Feuerbach			21.42	21.46	22.02	22.15		22.32	23.02		23.07	23.14		23.32			23.43	0.02	
Stuttgart Nord			21.45	21.49	22.05	22.18		22.35	23.05		23.10			23.35			23.46	0.05	
Stuttgart Hbf an	21.40	21.47	21.49	21.53	22.09	22.22	a22.31	22.39	23.09	23.19	23.13	23.21	23.31	23.39	23.35	23.43	23.50	0.09	0.13

a = X außer Sa
b = täglich außer Sa
c = † u Sa
⊕ verkehrt auch 24. u 31.XII.
● verkehrt nicht 24. u 31.XII.56
Sonntagsausflugzug
Ⓐ vom 4.XI. 56 bis 13.IV. 57 X, sonst täglich

§ an Sa 1. u 2. Kl

Kein Anschluß

an		nach
①	F 5	Wien
②	D 408	München u
	D 14	Zürich
③	3107	Waiblingen
④	D 703	Dortmund
⑤	D 363	München
⑥	E 482	Ulm
⑦	Bus 6607	Markgröningen
⑧	Bus 6609	Markgröningen
⑨	Bus 6613	Markgröningen
⓪	1928	Tuttlingen
	729	Aalen

X-Züge nicht 1.XI., 24. u 31.XII.56

†-Züge auch 1.XI., 24. u 31.XII.56

Vorortzüge der Strecke Ludwigsburg — Eßlingen (Neckar) warten nicht auf andere Züge. Umgekehrt sind sie zu anderen Zügen nur dann Anschlußzüge, wenn die Übergangszeit ausreicht, um bei normaler Gangart vom Gleis des Vorortzuges zum Gleis des abfahrenden Zuges zu gelangen.

Seite 177 **XII**

Das Fahrplanangebot auf der Strecke Bietigheim–Stuttgart im Winterfahrplan 1956/57. *Abbildung: Sammlung Gerhard Rieger*

326 Gegenrichtung (Elektr Betrieb) **326 Gesamtverk Stuttgart–Ludwigsburg–Bietigheim (Württ)** Alle Züge 1. u 2. Kl. wenn nichts anderes angegeben Gegenrichtung 326

km BD Stuttgart Zug Nr / Klasse	N 3986	N 3194	N 3706	N 3714	N 3724	N 3736	N 3742	✕N 3148	✕N 3748	†N 3750	✕2106	✕N 3754	✕1807	✕N 3758	2108	N 3760	E 553	✕N 3150	1108		N 3764	✕N 3152	E 741	N 3768	2799	✕1124	
0,0 Stuttgart Hbf ab	0.18	0.39	1.00	1.34	2.15	3.14	3.54	✕3.59	✕4.24	†4.34	✕4.39	✕4.54	✕5.00	✕5.14	5.19	5.24	5.25	✕5.29	5.31	...	5.44	✕5.49	6.00	6.04	6.06	✕6.14	...
2,8 Stuttgart Nord	0.22	0.43	1.04	1.38	2.19	3.18	3.58	4.03	4.28	4.38	4.43	4.58		5.18	5.23	5.28		5.33		...	5.48	5.53		6.08		6.18	...
4,6 Stg-Feuerbach	0.25	0.46	1.07	1.41	2.22	3.21	4.01	4.06	4.31	4.41	4.47	5.01		5.21	5.26	5.31		5.37	5.38	...	5.51	5.57		6.11		6.22	...
6,5 Stg-Zuffenhausen	0.29	0.50	1.10	1.45	2.25	3.25	4.05	✕4.09	4.35	4.45	✕4.50	5.05		5.25	5.30	5.35		✕5.40	5.41	...	5.55	✕6.00		6.15		6.26	...
10,4 Kornwestheim Pbf	0.34	an	1.14	1.50	2.30	3.30	4.10	an	4.40	4.50	an	5.10	5.14	5.30	an	5.40		an	5.48	...	6.00	an		6.20		6.31	...
13,9 Ludwigsburg an	0.38	...	1.19	1.54	2.34	3.34	4.14	...	4.44	†4.54	...	5.14	5.19	5.34	...	5.44	5.38	...	5.51	...	6.04	...	6.13	6.24	6.23	6.34	...
Ludwigsburg ab	0.39	...	...	...	...	...	...	...	4.45	...	...	5.15	5.21	5.35	...	...	5.39	...	5.53	...	...	...	6.15	...	6.27	6.37	...
17,5 Asperg	0.43	...	...	...	...	...	...	...	4.49	...	...	5.19	5.27	5.39	...	...		...	5.59	...	...	...		...	6.34	✕6.42	...
20,2 Tamm (Württ)	0.47	...	...	...	...	...	...	...	4.53	...	...	5.23	5.31	5.43	...	...		...	6.03	...	...	...		...	6.39	an	...
23,4 Bietigheim (Württ) an	0.51	...	...	...	...	...	...	...	✕4.57	...	...	✕5.27	✕5.36	✕5.47	...	...	5.48	...	6.08	...	...	...	6.24	...	6.44	...	...

1. Forts Zug Nr / Klasse	E 608	N 3772	E 522	2116 ø6	✕N 3774		N 3776	E 863	N 3154	N 3780	1126	N 3156	N 3784		E 883	†2118 2.	E 824	N 3788	†1128 2.	D 583		N 3792	2120	E 535	1220	N 3796	N 3158	N 3800	N 3804	
Stuttgart Hbf ab	6.10	6.24	6.30	6.34	✕6.38	...	6.44	6.48	6.50	7.04	7.08	7.19	7.24	nicht 25. XII. 56	7.27	†7.29	7.37	7.44	†7.52	7.55	...	8.04	8.09	8.15	8.24	8.24	8.29	8.44	9.04	...
Stuttgart Nord	nicht 25. XII. 56	6.28			6.43	...	6.48		6.54	7.08		7.23	7.28					7.48	ab 26. V. 57		...	8.08	8.13			8.28	8.33	8.48	9.08	...
Stg-Feuerbach		6.31		6.40	6.46	...	6.51		6.58	7.11	7.15	7.27	7.31			7.37		7.51			...	8.11	8.16			8.31	8.37	8.51	9.11	...
Stg-Zuffenhausen		6.35		6.43	6.49	...	6.55		7.01	7.15	7.19	7.30	7.35			†7.41		7.55			...	8.15	8.20		8.32	8.35	8.40	8.55	9.15	...
Kornwestheim Pbf		6.40		an	6.54	...	7.00		an	7.20	7.29	an	7.40			an		8.00			...	8.20	an			8.40	an	9.00	9.20	...
Ludwigsburg an	6.32	6.44	6.41		✕6.58	...	7.04	6.59	...	7.24	7.32	...	7.44		7.40	...	7.49	8.04	8.09	8.07	...	8.24	...	8.26	8.39	8.44	...	9.04	9.24	...
Ludwigsburg ab	6.33	...	6.43	...	...	...	7.09	7.01	...	...	7.33	...	7.46		✕7.41	ab 26. V. 57	7.51	...	8.11	8.08	...	8.29	...	8.27	8.41	...	...	9.06	...	...
Asperg		...		...	...	...	7.15		...	...	7.38	...	7.50					...			...	8.33	...		8.45	...	...	9.10	...	...
Tamm (Württ)		...		...	...	...	7.19		...	...	7.42	...	7.54					...			...	8.37	...		8.49	...	...	9.14	...	...
Bietigheim (Württ) an	6.41	...	6.32	...	...	...	7.23	7.09	...	...	7.46	...	7.58		7.50		8.00	...	†8.20	8.17	...	8.41	...	8.36	8.53	...	...	9.18	...	...

2. Forts Zug Nr / Klasse	N 3160	N 3808	E 706	N 3812	D 461	N 3162		E 643	N 3816	N 3820	N 3172	N 3824	N 3828	N 3164	N 3832	D 132	Sa 2128 ø6	Sa 1148	N 3836	N 3166	Sa 1835	Sa 1158	N 3840	
Stuttgart Hbf ab	9.19	9.24	9.41	9.44	9.47	9.59	...	10.07	10.04	10.24	b10.30	10.44	11.04	11.10	11.24	11.26	Sa11.29	Sa11.36	11.44	11.49	...	Sa11.58	12.04	...
Stuttgart Nord	9.23	9.28		9.48		10.03	...		10.08	10.28	10.34	10.48	11.08	11.14	11.28		11.33	11.41	11.48	11.53	...		12.08	...
Stg-Feuerbach	9.27	9.31		9.51		10.07	...		10.11	10.31	10.38	10.51	11.11	11.18	11.31		11.37	11.45	11.51	11.57	...	12.06	12.11	...
Stg-Zuffenhausen	9.30	9.35		9.55		10.10	...		10.15	10.35	b10.41	10.55	11.15	11.21	11.35		Sa11.41	11.49	11.55	12.00	...	12.10	12.15	...
Kornwestheim Pbf	an	9.40		10.00		an	...		10.20	10.40	an	11.00	11.20	an	11.40		an	11.55	12.00	an	Sa12.08	12.16	12.20	...
Ludwigsburg an	...	9.44	9.52	10.04	9.59	...	...	10.22	10.24	10.44	...	11.04	11.24	...	11.44	11.37	...	11.59	12.04	...	12.14	12.21	12.24	...
Ludwigsburg ab	...	...	9.53	10.08	10.00	...	...	10.23	...	10.46	...	...	11.26	...	...	11.38	...	12.00	12.07	an Sa	12.15	12.27	...	...
Asperg	...	...		10.12		...	...		...	10.50	...	...	11.30	...	...		...	Sa12.05	12.12	Zug Nr	12.22	12.32	...	...
Tamm (Württ)	...	...		10.16		...	...		...	10.54	...	...	11.34	...	...		...	an	12.16	2124	12.28	12.36	...	...
Bietigheim (Württ) an	...	...	10.01	10.20	10.09	...	...	10.34	...	10.58	...	...	11.38	...	...		...	...	12.20	...	Sa12.32	Sa12.39	...	...

3. Forts Zug Nr / Klasse	D 483	1154	Sa 1753	2130	N 3844	Sa E 807	SaN 3168	E 887 ②	E 889 ②	Sa 1156 ⊕	N 3848	1839	N 3168	Sa 2138	E 710 Ⓐ	N 3852	N 3856	E 865	2134	N 3860	N 3864	E 891	E 71[illegible]
Stuttgart Hbf ab	12.07	b12.11	...	12.16	12.24	Sa12.28	Sa12.29	12.33	12.33	Sa12.34	12.44	12.48	b12.54	...	12.56	13.04	13.24	13.25	13.29	13.44	14.04	14.12	14.2[illegible]
Stuttgart Nord	nicht 25. XII. 56		...	12.20	12.28		12.33				12.48		12.58			13.08	13.28		13.33	13.48	14.08		
Stg-Feuerbach			...	12.24	12.31		12.37			12.40	12.51	12.57	13.02	Sa13.02		13.11	13.31		13.37	13.51	14.11		
Stg-Zuffenhausen			...	12.28	12.35		Sa12.40			12.44	12.55	13.02	b13.05	Sa13.05		13.15	13.35		13.40	13.55	14.15		
Kornwestheim Pbf			Sa12.20	an	12.40		an			12.49	13.00	13.10	an	an	[3]	13.20	13.40		an	14.00	14.20		
Ludwigsburg an	12.19	12.24	Sa12.26	...	12.44	12.40	...	12.46	12.46	12.53	13.04	13.16	...	...	13.08	13.24	13.44		...	14.04	14.24	14.28	14.3[illegible]
Ludwigsburg ab	12.20	12.27	[2]	...	12.46	12.42	...	12.49	12.49	12.54	...	13.19	...	...	13.10	13.29	...		...	14.06	...	14.29	14.3[illegible]
Asperg		12.32		...	12.51		...			12.59	...	13.25	...	...		13.33	...		...	14.10	...		
Tamm (Württ)		12.36		...	12.56		...			13.02	...	13.30	...	...		13.37	...		...	14.14	...		
Bietigheim (Württ) an	12.29	b12.39		...	13.00	Sa12.51	...	12.59	12.59	Sa13.06	...	13.35	...	...	13.19	13.41	...	13.45	...	14.18	...	14.39	14.4[illegible]

4. Forts Zug Nr / Klasse	N 3868	N 3170	N 3872	1164	N 3876	2144	N 3880	E 714 Ⓐ	N 3884	N 3174	N 3888	1857	1170	N 3892	N 3176	D 151	✕1863	1775	N 3896	2148	E 867	N 1176 ø6	N 3900	E 716	
Stuttgart Hbf ab	14.24	14.29	14.44	14.49	15.04	15.09	15.24	15.41	15.44	15.49	16.04	a16.11	16.20	16.24	16.29	16.29	✕16.33	a16.33	16.44	a16.47	16.54	a16.52	17.04	17.05	...
Stuttgart Nord	14.28	14.33	14.48		15.08	15.13	15.28		15.48	15.53	16.08			16.28	16.33			16.39	16.48	16.51		16.56	17.08		...
Stg-Feuerbach	14.31	14.37	14.51	14.56	15.11	15.17	15.31		15.51	15.57	16.11	16.21	16.27	16.31	16.37		16.43	16.45	16.51	16.55		17.00	17.11		...
Stg-Zuffenhausen	14.35	14.40	14.55		15.15	15.20	15.35		15.55	16.00	16.15	16.26	16.31	16.35	16.40		16.48	16.49	16.55	a16.58		17.04	17.15		...
Kornwestheim Pbf	14.40	an	15.00		15.20	an	15.40		16.00	an	16.20	16.36	16.45	16.40	an		16.55	16.57	17.00	an		17.10	17.20		...
Ludwigsburg an	14.44	...	15.04	15.04	15.24	...	15.44	15.53	16.04	...	16.24	16.41	16.49	16.44	...	16.43	17.01	a17.02	17.04	...	17.08	17.15	17.24	17.17	...
Ludwigsburg ab	14.46	...	...	15.06	...	...	15.48	15.55	...	...	16.26	16.42	16.52	[4]	...	16.45	17.03	...	...	...	17.10	17.17	17.26	17.19	...
Asperg	14.50	...	...	15.11	...	...	15.52		...	...	16.30	16.49	16.57	...	...		17.15	...	...	...		17.24	17.31		...
Tamm (Württ)	14.54	...	...	15.15	...	...	15.56		...	...	16.34	16.54	17.01	...	...		17.20	...	...	...		17.29	17.35		...
Bietigheim (Württ) an	14.58	...	...	15.19	...	...	16.00	16.04	...	...	16.38	a16.59	17.05	...	...	16.55	✕17.24	...	...	...	17.19	a17.33	17.39	17.28	...

5. Forts Zug Nr / Klasse	1779	✕2150 †3180	1172	N 3178		E 815	N 3904	2152		E 555	1865	N 3908	1178	N 3912	1174	N 3180	N 3916	D 546	N 780	2160	
Stuttgart Hbf ab	a17.09	17.09	a17.15	a17.19	...	17.24	17.24	17.29	...	17.34	17.39	17.44	a17.54	18.04	18.06	a18.09	18.24	18.28	18.32	18.38	...
Stuttgart Nord		17.14		17.23	...		17.28	17.33	...			17.48	17.58	18.08		18.13	18.28			18.42	...
Stg-Feuerbach		17.18	17.22	17.27	...		17.31	17.37	...		17.49	17.51	18.01	18.11	18.13	18.17	18.31			18.45	...
Stg-Zuffenhausen		17.21	17.25	a17.30	...		17.35	17.40	...		17.53	17.55	18.05	18.15	18.16	a18.20	18.35		18.40	18.49	...
Kornwestheim Pbf		an	17.31	an	...		17.40	an	...		18.00	18.00	18.10	18.20	18.21	an	18.40	[5]	an	an	...
Ludwigsburg an	a17.28	...	17.35	...	...	17.36	17.44	...	...	17.49	18.05	18.04	a18.14	18.24	18.25	...	18.44	18.39	...	...	...
Ludwigsburg ab	...	...	17.37	...	...	17.38	...	...	...	17.51	18.07	18.06	...	...	18.28	...	18.49	18.40	...	...	...
Asperg	...	...	17.42	...	...		...	...	...		18.13	18.10	...	...	18.33	...	18.53		...	...	...
Tamm (Württ)	...	...	17.47	...	...		...	...	...		18.18	18.14	...	...	18.38	...	18.57		...	...	...
Bietigheim (Württ) an	...	...	a17.51	...	...	17.48	...	...	...	18.01	18.22	18.18	...	...	18.43	...	19.01	18.49	...	...	...

6. Forts Zug Nr / Klasse	N 3920	E 895	1871 2.	1184	N 3924	E 558	2158	N 3928	N 3184	D 527	N 3932	1188 2.	N 3936		E 897	2162	N 3940	E 718	N 3944	D 79	
Stuttgart Hbf ab	18.44	18.52	19.00	19.01	19.04	19.07	19.09	19.24	19.35	19.34	19.44	...	20.04	...	20.08	20.09	20.24	20.31	20.44	20.52	...
Stuttgart Nord	18.48				19.08		19.13	19.28	19.39		19.48	...	20.08	...		20.13	20.28		20.48	nicht 24., 25. u. 31. XII. 56	...
Stg-Feuerbach	18.51				19.11		19.16	19.31	19.43		19.51	...	20.11	...		20.17	20.31		20.51		...
Stg-Zuffenhausen	18.55				19.15		19.20	19.35	19.46		19.55	...	20.15	...		20.20	20.35		20.55		...
Kornwestheim Pbf	19.00		19.23	19.11	19.20		an	19.40	an		20.00	...	20.20	...		an	20.40		21.00		...
Ludwigsburg an	19.04	19.06	19.27	19.15	19.24	19.18	an † Zug Nr 3184	19.44	an † Zug Nr 2158	19.46	20.04	...	20.24	...	20.21	...	20.44	20.42	21.04		...
Ludwigsburg ab	...	19.08	19.29	19.19	...	19.20		19.46		19.47	...	20.15	20.25	...	20.23	...	...	20.43	21.06		...
Asperg	...		19.33	19.24	...			19.50			...	20.20	20.29	...		...	...		21.10		...
Tamm (Württ)	...		19.37	19.28	...			19.54			...	20.23	20.33	...		...	...		21.14		...
Bietigheim (Württ) an	...	19.18	19.41	19.32	...	19.28		19.58		19.56	...	20.27	20.37	...	20.33	...	...	20.52	21.18	21.15	...

7. Forts Zug Nr / Klasse	N 3948	2166	†1190	N 3952	N 3188	N 3958		E 548	1983	N 3964	2176		1198	N 3970	E 720 ①	E 819 ①	N 3976	E 899	N 3190	N 3980	
Stuttgart Hbf ab	21.04	21.09	†21.17	21.24	21.47	21.54	...	22.17	22.17	22.24	22.29	...	22.46	22.54	23.10	23.10	23.24	d23.34	23.37	23.44	...
Stuttgart Nord	21.08	21.13		21.28	21.52	21.58	...			22.28	22.33	...		22.58			23.28		23.41	23.48	...
Stg-Feuerbach	21.11	21.16	21.23	21.31	21.56	22.01	...		22.25	22.31	22.38	...	22.53	23.01			23.31		23.45	23.51	...
Stg-Zuffenhausen	21.15	21.19	21.27	21.35	22.00	22.05	...		22.30	22.35	22.41	...		23.05			23.35		23.48	23.55	...
Kornwestheim Pbf	21.20	an	21.32	21.40	an	22.10	...			22.40	an	...		23.10			23.40		an	0.00	...
Ludwigsburg an	21.24	...	21.38	21.44	...	22.14	...	22.32	22.38	22.44	...	...	23.01	23.14	23.23	23.23	23.44	23.49	...	0.04	...
Ludwigsburg ab	...	an † Zug Nr 3182	21.40	✕21.46	...	22.15	...	22.34	22.47	...	...	...	23.04	...	23.25	23.25	23.46	23.50	...	...	...
Asperg	...		21.44	21.50	...	22.19	...		22.52	...	...	...	23.09	...			23.50		...	...	...
Tamm (Württ)	...		21.48	21.54	...	22.23	...		22.57	...	...	...	23.13	...			23.54		...	...	...
Bietigheim (Württ) an	...		†21.52	✕21.58	...	22.27	...	22.43	23.01	...	...	...	23.16	...	23.34	23.34	23.58	d23.59	...	...	...

a = ✕ außer Sa
b = täglich außer Sa
c = † u Sa
d = † u Sa auch 31. X., 20. XI., 24., 31. XII., 18., 30. IV., 29. V.
⊕ verkehrt auch 24. u 31. XII. 56
① E 720 vereinigt mit E 819
② E 887 vereinigt mit E 889
ø Sonntagsausflugzug

Ⓐ verkehrt vom 4. XI. 56 bis 13. IV. 57 nur ✕, sonst täglich

Kein Anschluß

	an	nach
[2]	4024	Markgröningen
[3]	D 151	Berlin
[4]	1785	Backnang
[5]	6615	Markgröningen

Vorortzüge der Strecke Eßlingen (Neckar) — Ludwigsburg warten nicht auf andere Züge. Umgekehrt sind sie zu anderen Zügen nur dann Anschlußzüge, wenn die Übergangszeit ausreicht, um bei normaler Gangart vom Gleis des Vorortzuges zum Gleis des abfahrenden Zuges zu gelangen.

✕-Züge nicht 1. XI., 24. u 31. XII. 56

†-Züge auch 1. XI., 24. u 31. XII. 56

Seite 178

Am 26. Mai 1963 wurde die Gäubahn zwischen Stuttgart und Böblingen elektrifiziert. Ursprünglich sollte der ET 65 planmäßig hier eingesetzt werden, da jedoch für die Stammstrecke letztlich doch keine neuen Fahrzeuge bestellt wurden, konnte zwischen Bietigheim und Plochingen auf die Züge nicht verzichtet werden. Einsätze auf der Gäubahn blieben daher die Ausnahme. Besonderes Glück hatte der Fotograf um 1968, als ihm mit ES 65 032 einer der ehemaligen ES 51 bei Stuttgart-Dachswald begegnete. *Aufnahme: Jürgen Krantz*

gen, Göppingen, Süßen und Geislingen gefahren wurden, gab es auch über Bietigheim hinaus in der Folgezeit nur wenige mit ET 65 gefahrenen Züge. Diese wendeten in der Regel entweder in Großsachsenheim, in Mühlacker oder in Bretten.

Ersatzüberlegungen und weitere Planungen

Zu Beginn der fünfziger Jahre waren die Triebwagen der Baureihen ET 65 (Stuttgart), ET 85 (München und Nürnberg) und ET 87 (Nürnberg) bereits derart heruntergewirtschaftet, daß die neugegründete Deutsche Bundesbahn beschloß, ein Nachfolgefahrzeug für den elektrifizierten Nah- und Vorortverkehr bei der Industrie in Auftrag zu geben. 1952 konnten sieben Triebwagen der Baureihe ET 56 ausgeliefert werden, einige davon kamen auch in den Großraum Stuttgart. Die Fahrzeuge wurden im Vorort- und Nahschnellverkehr sowie im Eilzugdienst getestet, erfüllten jedoch im Vorortverkehr die an sie gestellten Erwartungen nicht. Nach mehrjähriger Erprobungszeit wanderten sie in den Nahschnellverkehr und Eilzugdienst von Stuttgart nach Tübingen und später auch nach Heilbronn ab.

1955 ließ die baden-württembergische Landesregierung einen Generalverkehrsplan erstellen, der u.a. die Elektrifizierung aller Strecken des Stuttgarter Nah- und Vorortverkehrs bis 1965 vorsah. Im Sommer 1957, zu einem Zeitpunkt, da noch mit der Beschaffung und raschen Lieferung von Neubautriebwagen (analog ET 30) für den Vorortverkehr gerechnet wurde, stellte die BD Stuttgart für die neu zu elektrifizierenden Vorortstrecken von Waiblingen nach Backnang und Schorndorf zwei Laufpläne für die Baureihe ET 65 zur Ermittlung des fahrplanmäßigen Bedarfs auf. Die ET 65 sollten nach damaliger Planung im Vorortverkehr durch die Neubautriebwagen ersetzt werden und den etwas geruhsameren Nahverkehr ins Umland bewältigen.

Letztendlich kam alles ganz anders. Für die ET 65 wurden vorerst keine Nachfolger bestellt. So fuhren entgegen den Planungen des Jahres 1957 auf den neu elektrifizierten Strecken Waiblingen–Schorndorf (Eröffnung 27. Mai 1962), Stuttgart Hbf–Böblingen (Eröffnung 26. Mai 1963) und Waiblingen–Backnang (Eröffnung 26. September 1965) keine ET 65, da sie weiter auf ihren Stammstrecken benötigt wurden.

Die Modernisierung der »roten Heuler«

Nachdem zu Beginn des Jahres 1959 nun endgültig feststand, daß die ET 65 noch für längere Zeit im Einsatz bleiben würden, blieb nur eine Grundüber-

Eine Doppelgarnitur teilmodernisierter ET 65, beide schon mit den neuen Mittelwagen ausgerüstet, verläßt im Sommer 1961 Esslingen. *Aufnahme: Jürgen Krantz*

Ohne Außenwerbung und gut gepflegt waren die modernisierten Triebwagen Ende der sechziger Jahre eine schmucke Erscheinung im Stuttgarter Vorortverkehr. Hinter Ludwigsburg legt sich ein Dreiteiler elegant in die Kurve. *Aufnahme: Dieter Schlipf*

holung und Modernisierung aller Fahrzeuge. Einzelne Fahrzeuge waren schon einer ersten Teilmodernisierung unterzogen worden. Vordringlich war zunächst den Ersatz der alten württembergischen Doppelwagen. Probeweise wurden 1959 zwei Doppelwagen durch zwei vierachsige Umbauwagen der Gattung B4yg ersetzt. Diese Maßnahme brachte den gewünschten Erfolg, so daß bis Juli 1961 alle Doppelwagen durch die neuen Beiwagen (erst ab 26. August 1964 offiziell als Mittelwagen bezeichnet) ersetzt werden konnten. Die freigesetzten Doppelwagen wurden bis zu ihrem Fristablauf größtenteils in den Reisezugwagenpark der BD Stuttgart übernommen und u.a. im Berufsverkehr verwendet. Nach ihrer Ausmusterung machten sie sich noch teilweise als Bahndienstwagen nützlich.

ET 51 01 und ES 51 11 wurden bei der standardisierten Modernisierung den ET/ES 65 angepaßt und erhielten nach ihrer Fertigstellung die Nummern ET 65 031 und ES 65 033. Mit dem Umbau der ES 25 002 und 011 zu ES 65 034 und 035 entsprach die Zahl der Steuerwagen den vorhandenen Triebwagen. Im Juli 1963 war der vom AW Cannstatt durchgeführte, standardisierte Umbau der Trieb- und Steuerwagen beendet. Dem Betriebsmaschinendienst standen jetzt vierundzwanzig aufgemöbelte Triebzüge ET/EM/ES 65 zur Verfügung. Augenfälligste Änderung war die Front mit nur noch zwei Führerstandsfenstern und den neuen Einheitsdoppelscheinwerfern. Die Fahrgäste standen den modernisierten Triebzügen mit gemischten Gefühlen gegenüber. Positiv wurden in der 2. Klasse die neuen Polstersitze mit Sitzteilung 2+2 statt den bisherigen Holzlattensitzbänken mit Sitzteilung 2+3 aufgenommen. Problematisch war jedoch der Sitzplatzverlust von 54 Plätzen pro Einheit. Vor allem bei den im Berufsverkehr benötigten Langzügen aus drei Einheiten riefen die fehlenden 162 Sitzplätze anfangs erhebliche Unmutsäußerungen hervor.

Im ersten Fahrplanabschnitt nach der Elektrifizierung aller Stuttgarter Vorortlinien (Winter 1965/66) wurden planmäßig achtzehn ET 65 in zwei Laufplänen benötigt. Zum allergrößten Teil erfolgte der Einsatz auf der klassischen Vorortlinie Bietigheim–Stuttgart–Plochingen. Einzelne Züge endeten erst in Nürtingen, Göppingen, Süßen oder auch Geislingen. Über Bietigheim hinaus gelangten die ET 65 einmal am Tag nach Bretten sowie nach Mühlacker. Ebenso waren sie einmal täglich auf der Güterumgehungsbahn mit Nt 1206 (Esslinger–Kornwestheim) zu sehen. Sogar zu Eilzugehren kamen aufpolierten Oldtimer: Im Plan 29.02 (Tag 2a/2b) war als Starzug der Et 4782 (Stuttgart–Weil der Stadt) mit der Rückleistung als Nt 3175 (Weil der Stadt–Esslingen) zu finden. Tübingen sowie die neu elektrifizierten Endbahnhöfe Böblingen, Backnang und Schorndorf wurden planmäßig nicht angelaufen.

Auch in den Folgejahren änderte sich wenig. Erwähnenswert ist das im Winterfahrplan 1969/70 mit ET 65 geführte Zugpaar Nt 3243/3256 zwischen Geislingen und Ulm.

Zugkreuzung in Oberesslingen. Ein Jahr vor Beginn des viergleisigen Ausbaus der Strecke Stuttgart–Plochingen begegneten sich am 5. April 1969 zwei ET 65-Garnituren in dem malerischen Haltepunkt. *Aufnahme: Dieter Schlipf*

Der Umzeichnungsplan von 1968 machte aus den ET 65 die Baureihe 465. Am äußeren Erscheinungsbild änderte dies allerdings zunächst nichts, wie das Bild des bestens gepflegten 465 024 in Ludwigsburg beweist. *Aufnahme: Dieter Schlipf*

Zug um Zug erhielten die Fahrzeuge Ende der sechziger Jahre Außenwerbung, außerdem wurde nun neben der Fahrzeugnummer ein großer »DB-Keks« auf der Stirnfront angebracht. In dieser Form verläßt im Sommer 1969 865 619 den Bahnhof Zuffenhausen.
Aufnahme: Jürgen Krantz

Diesen Panoramablick über den Stuttgarter Hauptbahnhof genossen die Personale auf dem für die Vorortgleise zuständigen Reiterstellwerk 1. Als N 2289 rollt am 3. August 1969 eine sechsteilige ET/ES 65-Garnitur an den Bahnsteig. *Aufnahme: Dieter Schlipf*

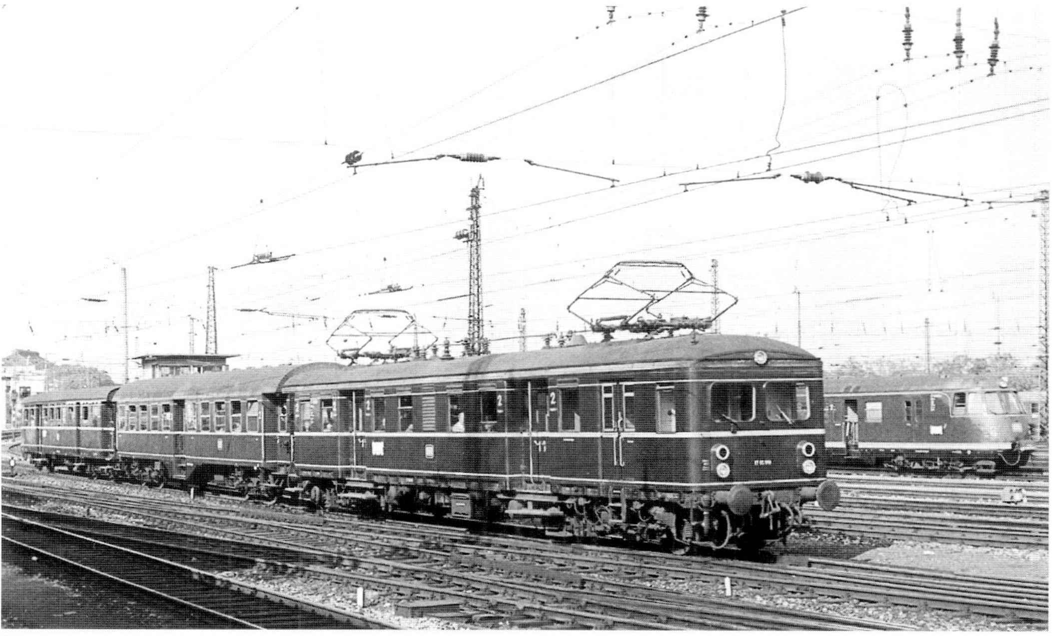

Wenig erfolgreich war der Einsatz der »Eierköpfe« der Reihe ET 56 im Stuttgarter Vorortverkehr. Gegenüber den bewährten ET 65 spielten die Fahrzeuge nur »die zweite Geige«, was dieses Bild trefflich symbolisiert. *Aufnahme: Dieter Schlipf*

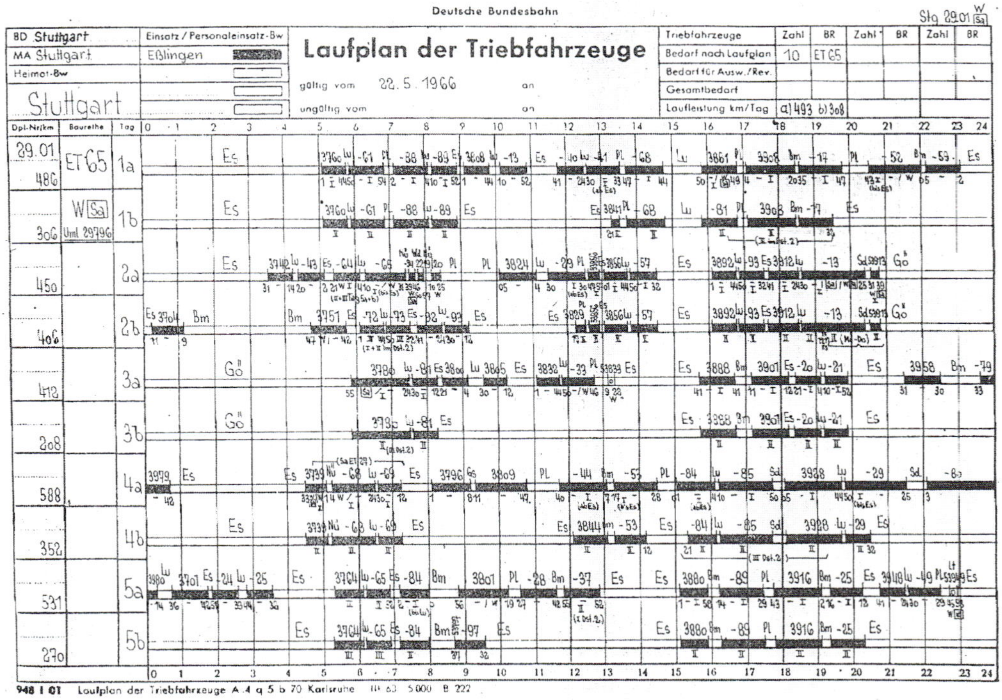

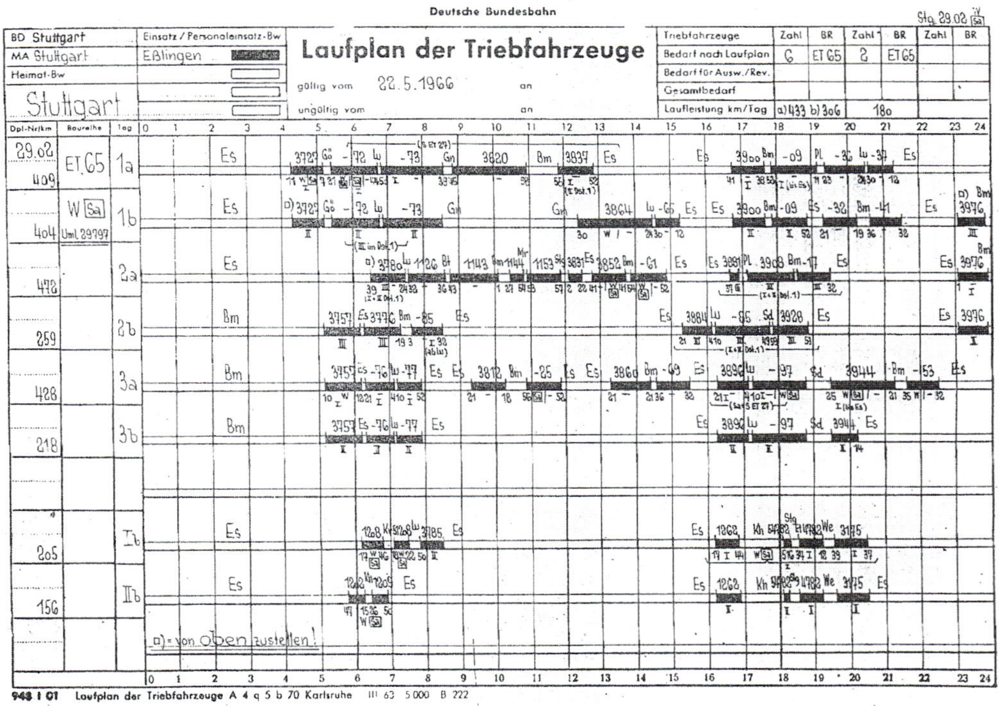

Umlaufplan der BR ET 65 im Sommer 1966. In zwei Plänen wurden insgesamt 18 ET 65 benötigt. *Abbildung: Sammlung Gerhard Rieger*

Strecke Stuttgart Hbf—Leonberg— :il der Stadt
Sämtliche Züge 1. 2. Klasse

E 41 mit Wendezug
3174 S: 2 ET 55 W [Sa]: 1 ET 65, Sa: 1 ET 25 — **Last 300 t** / **Last 180 t** — 71 Mindestbr

			Nb 3172 (34,1), S u Sa: (33,1)		Nt 3174 (33,1)		Nb 3176 W (34,1), Sa: (33,1)	
1	2	3	4	5	4	5	4	5
0,0		Stuttgart Hbf		1930		2010		2100
	40	A ⌒						
	75	0,8 ⌒						
1,7		Bk Prag		32_5		12_5		02
	85	2,2 VE ▽ 70 km/h						
		2,4 ⌒						
	75	2,6 VA ▽ 70 km/h						
2,7		Stuttgart Nord Pbf	1933_5	34	2013_5	14	2103_5	04
4,6	85	Stg-Feuerbach	36_5	37_5	16_5	17_5	06_5	07
	60	A ⌒						
	80	E ⌒						
6,5 / 0,0	60 / 75	Stg-Zuffenhausen A ⌒	40_5	42	20_5	22	2110_5	2112
1,1		Bk Neuwirtshaus † Hp	43_7	44_4	23_9	24_5	13_7	14
3,6	90	Korntal	47_3	48	27_5	28_2	17_3	18
7,7		Ditzingen	51_6	52_5	32	32_7	21_6	22
		A ⌒						
11,0	85	Bk Höfingen Hp	55_8	56_5	36_2	36_7	25_8	26
		11,7 ⌒						
	80	13,9						
		E ⌒						
14,3	70	Leonberg	2000_2	2001	40_5	41_2	30_2	31
17,9	90	Bk Rutesheim Hp	04_5	05	44_8	45_3	34_5	35
		E ⌒						
20,5	65	Renningen	08_1	09	48_6	49_1	38_1	39
		A ⌒						
22,6	90	Bk Malmsheim Hp	11_3	12	51_7	52_2	41_3	42
25,6		Weil der Stadt	2015		2055_4		2145	

(Vorortgleis / Gütergleis)

† Wegen der zeitweiligen Ausschaltung der Blockstelle siehe Seite 1

Strecke Weil der Stadt—Leonberg—. ıttgart Hbf
Sämtliche Züge 1. 2. Klasse

E 41 mit Wendezug
N 3185: S 2 ET 55, W [Sa] 1 ET 65, Sa 1 ET 25
N 3187: S 2 ET 55 — **Last 300 t** / **Last 180 t** — 83 Mindestbr

			Nt 3185 (33,1)		Nt N 3187 (33,1)		N 3191 (33,1)	
1	2	3	4	5	4	5	4	5
25,6		Weil der Stadt		2119		2159		2259
22,6		Bk Malmsheim Hp	2122_1	22_6	2202	2202_5	2302	2302
20,5	90	Renningen	25_2	26	05	06	05	06
17,9		Bk Rutesheim Hp	28_8	29_5	08_8	09_5	08_8	09
14,3		Leonberg	33	34_5	13	14_5	13	14
	70	A ⌒						
		13,9 ⌒						
	80	11,7						
11,0	85	Bk Höfingen Hp	38	38_6	18	18_7	18	18
		E ⌒						
7,7		Ditzingen	41_8	42_5	21_8	22_5	21_7	22
3,6	90	Korntal	46_4	47	26_3	27	26_3	27
1,1		Bk Neuwirtshaus † Hp	49_7	50_3	29_6	30_4	29_6	30
		E ⌒						
0,0 / 6,5	75 / 60	Stg-Zuffenhausen	52	53	32	33	32	33
		A ⌒						
	80	6,1 VE ▽						
4,6		Stg-Feuerbach	55_7	56_7	35_7	36_7	35_7	36
		3,2 VA ▽ 70 km/h						
2,7		Stuttgart Nord Pbf	59	59_5	39	39_5	39	39
	85	2,3 ▽ 70 km/h						
1,7		Bk Prag		2200_7		40_7		40
		1,5 VE ▽						
		0,8 ⌒						
	75	E ⊢						
0,0	30	Stuttgart Hbf	2203		2243		2343	

(Gütergleis / Vorortgleis)

† Wegen der zeitweiligen Ausschaltung der Blockstelle siehe Seite 1

Auszug aus dem Buchfahrplan der Strecke Stuttgart–Weil der Stadt vom Winter 1967/68: Planmäßig wurde das Zugpaar Nt 3174/3185 an Werktagen außer Samstagen mit ET 65 gefahren. *Abbildung: Sammlung Gerhard Rieger*

Bedingt durch die Zuverlässigkeit und Robustheit der Triebwagen konnte der Reservebestand weiter verringert werden. Der Laufplan vom Winter 1972/73 sah zwanzig ET 65 (nur vier Reserveeinheiten!) und durchschnittlich 379 km/Tag vor. Bretten und Mühlacker wurden nun öfter angefahren, auch Tübingen mit Nt 4235/2310 erreicht. Die Leistung nach Weil der Stadt war inzwischen entfallen, da auf dieser Strecke E 41-bespannte Wendezüge das Regiment übernommen hatten.

Betrieblich höchst interessant war das ausdrücklich im Umlaufplan (Plantag 13) vorgeschriebene Wenden des ET 65 über das Mühlacker Gleisdreieck. Da der Triebzug über die Güterumgehungsbahn von Esslingen aus nach Mühlacker gelangte, die Rückleistung nach Esslingen aber über Stuttgart Hbf führte, mußte er in Mühlacker gedreht werden. Bis Sommer 1978 galt die Regel, daß der Triebwagen immer in Richtung Stuttga·t zeigen sollte.

Nt 3243 (W = 31,1; S = 30,1) 1. 2. Klasse

Tfz: 465 — **Last 160 t** — 64 Mindestbr

			3243			
61,2		Geislingen (Steige)		1220		
	75	SBk 201, 203				
		66,8 VA ▽				
67,0		Amstetten (Württ)	1227	27		
70,9		Bk Urspring Hp	31	31		
72,8		Lonsee	34	34		
75,9		Westerstetten	37	37		
79,8		Bk Gurgelhau		40		
81,9	85	Beimerstetten	42	43		
84,9		Dornstadt (Lokkehrbf)		45		
85,9		Jungingen (W) Hp	46	47		
88,0		Bk Kleingehr		50		
91,2		Bk Schwedenturm		1253		
		E ⌒				
93,9	80	Ulm Hbf	1257			

Buchfahrplan des Nt 3243 Geislingen–Ulm vom Winterfahrplan 1969/70. *Abbildung: Sammlung Gerhard Rieger*

Mit dem Winterfahrplan 1965/66 gelangten die ET 65 über Bietigheim hinaus bis Mühlacker und Bretten. In Mühlacker konnten die Züge über das dortige Gleisdreieck gewendet werden, damit sie vorschriftsgemäß mit dem Triebkopf in Richtung Stuttgart fahren konnten. Im März 1970 wartet 465 005 auf Rückfahrt nach Stuttgart. *Aufnahme: Dieter Schlipf*

Der Langlauf im ET 65-Plan: Jahrelang erreichte täglich eine Garnitur als Nahverkehrszug den Ulmer Hauptbahnhof. Am 7. August 1974 begegnete 465 007 auf dem Weg dorthin in Süssen einem frisch untersuchten 430 auf Aw-Probefahrt. *Aufnahme: Dieter Schlipf*

Eher selten waren die Einsätze auf der Oberen Neckarbahn zwischen Plochingen und Reutlingen/Tübingen. An einem Sonntag im Mai 1972 begegnete 865 606 in Metzingen der »Eurovapor«-Museumsgarnitur, die seinerzeit regelmäßig durch das Ermstal nach Urach dampfte. Nachdem die ursprünglich hier eingesetzte württ. T 3 »888« durch fehlerhafte Bedienung schadhaft geworden war, fuhr ersatzweise eine Tübinger 64er diese Züge. Auf dem Bild ist sie im Hintergrund zu erkennen. *Aufnahme: Jürgen Krantz*

N 5210 W Sa **(36,1) 1. 2. Klasse oG**

N 5214 W Sa **(36,1) 1. 2. Klasse oG**

Tfz 465 **Last 180 t** **Mbr 56**

				5210		5214	
1	2	3a	3b	4	5	4	5
		ZBF A 62					
	85	Esslingen	13,2		5.53		6.20
		– Ferngleis –					
		Sbk 50	11,5				
		Esslingen-Mettingen Hp	11,1	5.55	56	6.22	23
		Stg-Obertürkheim	9,3	58	▲ 59	25	26
		Stg-Untertürkhm Pbf	6,9	6.02	6.03	29	30
			0,0				
0,2		Z					
	60						
0,8		**Stg-Untertürkhm Gbf**	0,8		05		32
2,1	40	A					
	80	Bk Stg-Ebitzweg Hp	3,0	07	07	34	35
		Stg-Münster	5,2	10	10	38	38
5,9							
6,5	75						
	80	Sbk 22 –					
		Stg-Zazenhausen Hp u	7,8	14	14	41	41
		Einfsig 2 A Kr-Lgb E 60	9,1		16		43
		Kilometerbruch	10,5				
			9,5				
		Kornwestheim Pbf E 60	10,4	6.19		6.45	

▲ ggf hi Dk 9318

Buchfahrplan der N 5210 und 5214 Esslingen–Untertürkheim–Kornwestheim vom Winterfahrplan 1974/75.
Abbildung: Sammlung Gerhard Rieger

Begegnungen der alltäglichen Art: Heute würde jeder Eisenbahnfreund mit der Zunge schnalzen, vor 25 Jahren hingegen war ein derartiges Rendezvous ganz normal. In Esslingen trafen sich am 7. August 1974 865 604, 865 616 und 455 107. *Aufnahme Dieter Schlipf*

Auch dieses Bild ist schon lange Geschichte: 465 007 ist ebenso den Weg alles alten Eisens gegangen wie 117 004, die mit ihrem Eilzug aus Heilbronn am 7. August 1974 einen kurzen Halt in Ludwigsburg einlegt. Heute ist die Szenerie nicht wieder zu erkennen, das Bahnhofsgebäude hat längst einem nüchternen Zweckbau Platz gemacht, die Bahnsteige wurden für die S-Bahn erhöht und mangels Gepäckbeförderung mit der Bahn braucht man heute auch keine Überwege mehr. *Aufnahme: Dieter Schlipf*

Die Strecke vom Hauptbahnhof nach Bad Cannstatt unterquert das Schloß Rosenstein im gleichnamigen Tunnel. Der erste aller ET 65 hat den Tunnel soeben verlassen und fährt unterhalb des Postbahnhofes Stuttgart Hbf entgegen.

Aufnahme: Sammlung Thomas Estler

Das Ende

Seinen letzten Höhepunkt erreichte der ET 65-Einsatz im Sommer 1976, als zwanzig planmäßig benötigte Züge durchschnittlich 411 km/Tag erbrachten. Die höchste Tagesleistung lag bei 591 km (Tag 7), ein für im Nahverkehr eingesetzte und teilweise über vierzig Jahre alte Fahrzeuge erstaunlicher Wert. Die durchschnittliche Jahreslaufleistung eines jeden Triebwagens lag übrigens zwischen 1951 und 1976 bei erklecklichen 110000 km.

Obwohl die 1976 an den ET 65 001, 002, 021 und 022 durchgeführten Hauptuntersuchungen noch auf einen längeren Einsatz hindeuteten, waren die Weichen längst anders gestellt. Die Bauarbeiten für die S-Bahn im Großraum Stuttgart liefen bereits seit Jahren auf Hochtouren und die bestellten S-Bahn-Triebwagen der Baureihe 420 als Nachfolger für die ET 65 standen kurz vor der Auslieferung.

Als erster ET 65 wurde der zur Hauptuntersuchung fällige ET 65 018 vom AW Cannstatt abgestellt und am 25. November 1976 ausgemustert. Da während der laufenden Fahrplanperiode (Winter 1976/77) mit weiteren Abstellungen gerechnet wurde, war der Planbedarf vorsorglich bereits auf achtzehn Triebwagen zurückgenommen worden, die aber sogar im Schnitt jetzt 428 km/Tag erreichten. Während des Winterfahrplans mußte allerdings nur noch ET 65 008 wegen Fristablauf ausscheiden.

Brücken und Tunnel waren typisch für das Einsatzgebiet des ET 65. Egal, aus welcher Richtung: Züge nach Stuttgart müssen auch heute noch »durch den Berg«. Auf der Fahrt von Stuttgart Hauptbahnhof nach Ludwigsburg verläßt eine neunteilige Garnitur mit 865 631 an der Spitze den Pragtunnel und erreicht Feuerbach. *Aufnahme: Otto Blaschke*

An der Güterumgehungsbahn Untertürkheim–Kornwestheim liegt der Schnarrenbergtunnel, den im Juni 1978 der 465 009 auf der Fahrt nach Kornwestheim gerade verläßt. *Aufnahme: Thomas Estler*

Ende Februar/Anfang März 1977 erschienen die ersten Triebwagen der Baureihe 420 fabrikneu beim Bw Esslingen. Nach der Lokführerschulung wurden sie ab Anfang April 1977 im ET 65-Plan zwischen Esslingen und Ludwigsburg eingesetzt. Bis zum Fahrplanwechsel am 22. Mai 1977 waren bereits soviele S-Bahn-Triebwagen ausgeliefert worden, daß ein achttägiger Plan mit Leistungen ausschließlich zwischen Plochingen und Ludwigsburg (nicht Bietigheim!) aufgestellt werden konnte. Nur in diesem Abschnitt waren die erforderlichen Bahnsteighöhen für einen fahrplanmäßigen Betrieb der neuen Fahrzeuge vorhanden. Dies ging natürlich voll zu Lasten der ET 65, die daher nur noch zwölf Plantage (356 km/Tag) erhielten und nahezu vollständig aus ihrem angestammten Einsatzbereich verdrängt wurden. Die Ausdehnung des Einsatzgebietes änderte sich nicht: Äußerste Wendepunkte waren immer noch Bretten, Tübingen und Geislingen. Als Folge dieser drastischen Plankürzungen wurden im Fahrplanjahr 1977/78 die ET 65 010, 014, 015, 019, 020 und 031 wegen Fristablauf bzw. größerer Schäden außer Dienst gestellt.

Eine weitere Kürzung auf acht Plantage (322 km/Tag) sowie den Wegfall der letzten Langzüge (3 Einheiten) im Berufsverkehr brachte zum 28. Mai 1978 der letzte Fahrplanwechsel für die ET 65. Nach z-Stellung des ET 65 023 am 2. Juni 1978 standen für diesen Plan noch fünfzehn Einheiten zur Verfügung.

Schon ab Frühjahr 1978 wurde die feste Reihung der Triebwagenzüge durch die zunehmende Abstellung von Steuerwagen nicht mehr eingehalten. Auch die Regel, daß die Triebwagen immer in Richtung Stuttgart führen sollten, wurde zuletzt nicht mehr befolgt. Dies ergab im Sommer 1978 ein bun-

Kein Tunnel im eigentlichen Sinn, aber nicht minder typisch für die Eisenbahn im Stuttgarter Raum sind die zahlreichen Überführungsbauwerke. Eines davon leitet zwischen Untertürkheim und Bad Cannstatt die Vorortgleise über die Zufahrt zum Ausbesserungswerk Cannstatt. Vor der Kulisse des Rotenbergs mit seiner Grabkapelle rollt eine sechsteilige 465-Garnitur im August 1972 Richtung Untertürkheim. *Aufnahme: Burkhard Wollny*

Ein ganz ähnliches Bauwerk ist die Überführung der Vorortgleise über die Fernbahn am Abzweig Salzweg in Stuttgart-Zuffenhausen. Die zweigleisige Vorortbahn wird hier in die ebenfalls zweigleisige Fernstrecke Stuttgart–Mühlacker/Heilbronn eingefädelt. Die Gleise links im Bild führen zum Kornwestheimer Rangierbahnhof. Am 21. September 1974 ist ein sechsteiliger ET 65 mit 465 002 an der Spitze auf dem Weg nach Stuttgart. *Aufnahme: Dieter Schlipf*

Im Frühjahr 1978 überquert 465 013 unterhalb des Rosensteintunnels auf der gleichnamigen Brücke den Neckar.
Aufnahme: Bernd Katz

tes Bild von wild gekuppelten Triebwageneinheiten, meist auf den ersten Blick durch die unterschiedliche Außenwerbung zu erkennen, deren Triebköpfe einmal in Richtung Stuttgart und einmal stadtauswärts zeigten.

Die Eröffnung der Stuttgarter S-Bahn am 1. Oktober 1978 mit 420-Einsatz von Stuttgart nach Ludwigsburg, Plochingen und Weil der Stadt machte diesem »Spuk« ein Ende. Unwiederruflich zum letzten Mal hatte in der Nacht zuvor kurz vor Mitternacht eine ET 65-Einheit den Stuttgarter Hauptbahnhof verlassen. Standesgemäß verabschiedeten sich die Triebwagen aus dem Vorortverkehr. Trotz später Stunde war der drei Einheiten umfassende Zug (465 017/865 017/865 632+465 005/865 005/865 611+465 009/865 009/865 604) brechend voll mit Volksfestheimkehrern. Mit über zwanzigminüter Verspätung endete diese letzte planmäßige Fahrt als Nt 4346 erst eine halbe Stunde nach Mitternacht im Bahnhof Vaihingen/Enz Nord, die Rückfahrt nach Esslingen erfolgte als Leertriebwagen.

Alle noch betriebsfähigen ET/ES 65 (15/16) wurden am 2. Oktober 1978 z-gestellt und bis auf vier Trieb- und vier Steuerwagen am 31. Mai 1979 ausgemustert. Alle Mittelwagen wurden zu normalen Reisezugwagen rückgebaut und dann im Reisezugdienst eingesetzt.

Die meisten Trieb- und Steuerwagen wurden in den folgenden Jahren im AW Karlsruhe (u.a.

Die vermutlich schönste Eisenbahnbrücke Württembergs ist der Enzviadukt in Bietigheim. Am 26. Juni 1970 rollt ein ET 65 im letzten Abendlicht über das eindrucksvolle Bauwerk. *Aufnahme: Dieter Schlipf*

ET 65 002, 007, 009, 021, 022, 024, 025, ES 65 004, 014, 022) verschrottet. An der Entsorgungsaktion waren aber auch das Bw Crailsheim (ET 65 003 und 016) sowie natürlich das AW Cannstatt (u. a. ET 65 008, 015, 018, 020, ES 65 008) beteiligt.

Beheimatet waren in der Außenstelle Esslingen des Bw Stuttgart (»Bw Esslingen«):

Betriebsnummer	Herkunft	von	bis	Verbleib
ET 65 001	Neulieferung	28.01.33	02.10.78 (z)	31.05.79 (+)
ET 65 002	Neulieferung	28.01.33	02.10.78 (z)	31.05.79 (+)
ET 65 003	Neulieferung	02.03.33	02.10.78 (z)	31.05.79 (+)
ET 65 004	Neulieferung	02.03.33	09.08.44 (+)	KV im RAW Karlsruhe
ET 65 005	Neulieferung	15.03.33	02.10.78 (z)	31.01.80 (+)
ET 65 006	Neulieferung	15.03.33	02.10.78 (z)	31.01.80 (+)
ET 65 007	Neulieferung	23.03.33	02.10.78 (z)	31.05.79 (+)
ET 65 008	Neulieferung	23.03.33	01.02.77 (z)	24.02.77 (+)
ET 65 009	Neulieferung	21.04.33	02.10.78 (z)	31.01.80 (+)
ET 65 010	Neulieferung	21.04.33	12.07.77 (z)	25.08.77 (+)
ET 65 011	Neulieferung	04.05.33	12.02.45 (+)	Unfall Ut 02.11.44
ET 65 012	Neulieferung	12.05.33	02.10.80 (z)	31.05.79 (+)
ET 65 013	Neulieferung	02.06.33	02.10.80 (z)	31.05.79 (+)
ET 65 014	Neulieferung	29.06.33	01.03.78 (z)	27.07.78 (+)
ET 65 015	Neulieferung	07.07.33	01.06.77 (z)	30.06.77 (+)
ET 65 016	Neulieferung	23.07.33	02.10.78 (z)	31.05.79 (+)
ET 65 017	Neulieferung	17.12.35	02.10.78 (z)	31.05.79 (+)
ET 65 018	Neulieferung	08.03.37	25.11.76 (+)	ohne (z) ausgemustert
ET 65 019	Neulieferung	22.03.37	27.04.78 (z)	27.07.78 (+)
ET 65 020	Neulieferung	16.04.37	27.01.78 (z)	27.04.78 (+)
ET 65 021	Neulieferung	21.05.37	02.10.78 (z)	31.05.79 (+)
ET 65 022	Neulieferung	20.03.39	02.10.79 (z)	31.01.80 (+)
ET 65 023	Neulieferung	01.04.39	02.06.78 (z)	27.07.78 (+)
ET 65 024	Neulieferung	24.04.39	02.10.78 (z)	31.05.79 (+)
ET 65 025	Neulieferung	22.05.39	02.10.78 (z)	31.05.79 (+)
ET 51 01	Bw Hirschberg/Rsgb.	10.03.45	14.03.62	Umzeichn. in ET 65 031
ET 65 031	ex ET 51 01	15.03.62	04.07.77 (z)	25.08.77 (+)

Die Güterumgehungsbahn Untertürkheim–Kornwestheim geizt trotz ihrer Länge von nur zehn Kilometern nicht mit Kunstbauten: neben dem Schnarrenbergtunnel verfügt sie über zwei mächtige Viadukte. Der kleinere davon überbrückt bei Stuttgart-Zazenhausen das Feuerbachtal. Im März 1978 ist gerade 465 001 auf dem Weg von Kornwestheim nach Untertürkheim. *Aufnahme: C. Honzera*

Typisch Stuttgart Hbf: Die Reiterstellwerke und der ET 65. Beides ist seit 1978 Geschichte. *Aufnahme: Otto Blaschke*

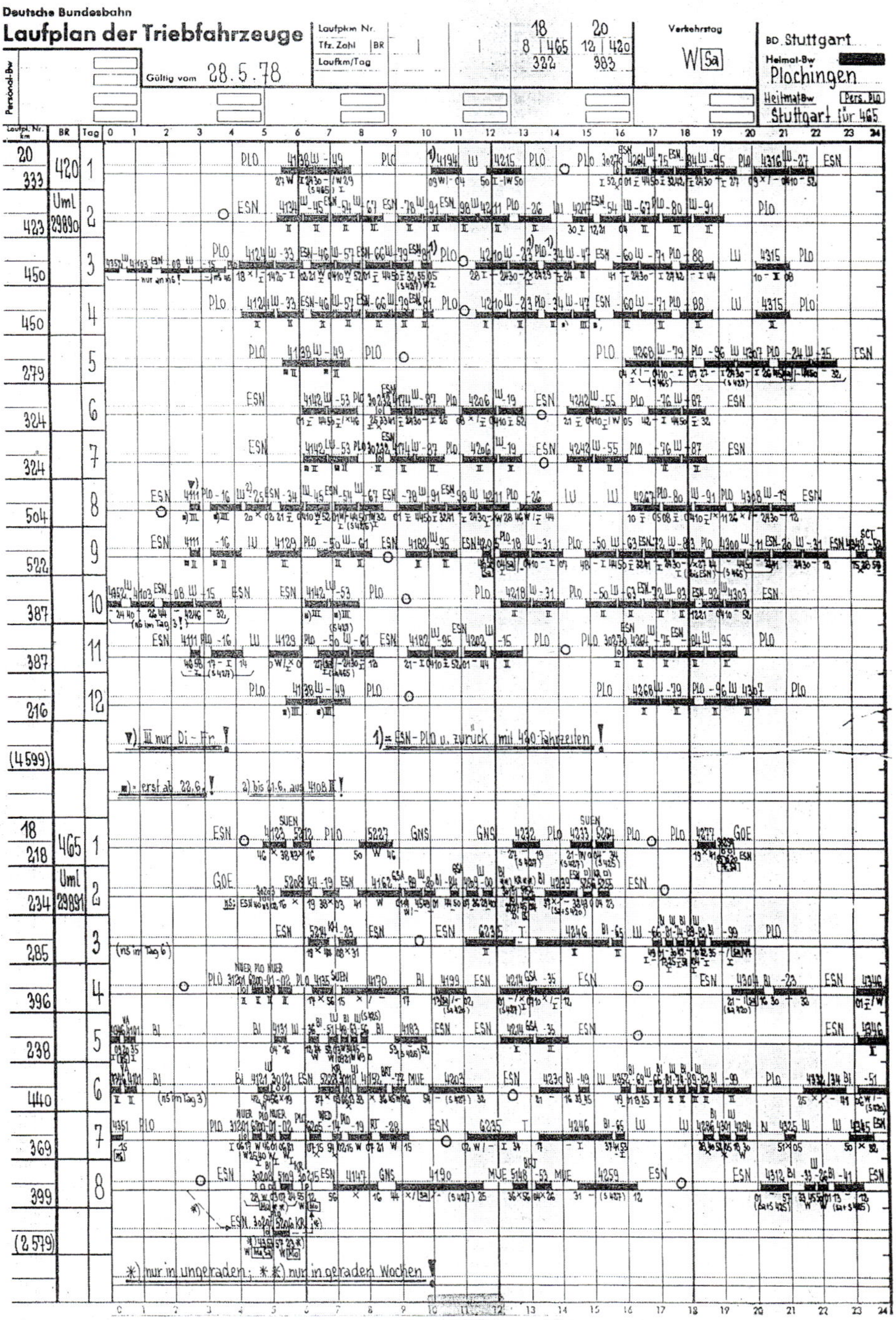

■ **Der letzte Umlauf des ET 65 vom 28. Mai 1978. Neben 8 ET 65 machten sich bereits 12 ET 420 im Plan breit, die allerdings nur bis Ludwigsburg kamen – auf dem Abschnitt bis Bietigheim waren die Bahnsteige noch nicht fertig.**

Abbildung: Sammlung Gerhard Rieger

Das Ende naht: Unübersehbar sind die Vorboten des S-Bahnverkehrs in Form der mit Betonfertigsteinen erhöhten Bahnsteige. Für 465 021, aufgenommen in Stuttgart-Nord, und seine Artgenossen laufen die letzten Arbeitswochen. *Aufnahme: Otto Blaschke*

Auch in Esslingen künden der erhöhte Bahnsteig und das normierte Einheitsdach bereits vom neuen Zeitalter. Am Schluß der sechsteiligen Garnitur (die übrigens artrein mit der klassischen »Jägermeisterreklame« versehen ist) wartet 465 005 auf Ausfahrt Richtung Plochingen. *Aufnahme: Otto Blaschke*

Im Sommerfahrplan 1978 blieben für den ET 65 auf der Stammstrecke nur noch die über Ludwigsburg hinausführenden Leistungen. Zwischen Ludwigsburg und Bietigheim waren die Bahnsteige noch nicht überall den neuen 420 angepaßt, während die nur bis Ludwigsburg laufenden Züge fast vollständig von den S-Bahn-Triebwagen übernommen wurden. Am Bahnsteig in Ludwigsburg stellt 465 020 den Anschluß an den von Plochingen gekommenen 420 207 her. *Aufnahme: Jürgen Krantz*

Der »Alte« geht: 465 012 begegnet am 24. September 1978 in Stuttgart-Feuerbach seinem Nachfolger. Noch eine Woche, dann wird der 420 die Gleise für sich alleine haben. *Aufnahme: C. Honzera*

Die letzte ET 65-Planleistung von Mühlacker bestand am 30. September 1978 aus 465 017 und 465 005. Auf dem Bietigheimer Enzviadukt präsentiert sich die Garnitur noch einmal in voller Länge dem Fotografen. *Aufnahme: Thomas Estler*

Aus und vorbei: Mit der Aufnahme des S-Bahn-Betriebes am 1. Oktober 1978 wurden die ET 65 überflüssig und selbst für die Zuglaufschilder hatte man nun, dank der modernen Zugzielanzeiger der S-Bahn, keine Verwendung mehr. 465 008 kurz vor seiner Verschrottung im AW Cannstatt. *Aufnahme: Thomas Estler*

Der ET 65 im Sonderzugdienst

Nicht alle Trieb- und Steuerwagen wurden gleich verschrottet. ET 65 005, 006, 009 und 022 wurden mit ihren Steuerwagen nach der z-Stellung im Schuppen des Bw Esslingen betriebsfähig hinterstellt. Mit den z-gestellten, aber noch nicht ausgemusterten Fahrzeugen fanden 1979 mehrere Sonderfahrten statt. Herausragend waren:

- Beim Fest »100 Jahre elektrische Lokomotiven« vom 24. bis 27. Mai 1979 im AW München-Freimann verkehrten die ET 65 005, 006 und 009 in Dreifachtraktion als Pendelzüge zwischen München Hbf und dem AW Freimann. Im Rahmen dieser Veranstaltung unternahm ET 65 022 am 26. Mai eine von der DGEG ver-

Am 26. Mai 1979 gelangte der bereits z-gestellte 465 022 im Rahmen einer Sonderfahrt der DGEG nach Oberbayern. Die Fahrt führte von München nach Oberammergau, das Bild entstand bei Mühltal. *Aufnahme: Helmut Iffländer*

Obwohl er strenggenommen keine Lokomotive ist, durfte der ET 65 beim Jubiläum »100 Jahre elektrische Lokomotiven« nicht fehlen. Vom 24.-27. Mai 1979 pendelte die Garnitur zwischen München Hbf und dem Austellungsgelände im AW Freimann. *Aufnahme: C. Honzera*

anstaltete Sonderfahrt von München nach Oberammergau.

- Bei der Feier des 110-jährigen Jubiläums des AW Cannstatt am 15. und 16. September 1979 verkehrten ET 65 005, 006 und 022 als Pendelzug Stuttgart Hbf–AW Cannstatt.
- Am 21. Oktober 1979 veranstaltete die DGEG mit ET 65 006 eine Abschiedsfahrt, die über die Gäu- und Obere Neckartalbahn von Stuttgart über Horb und Tübingen zurück nach Stuttgart führte. Im Abschnitt Horb–Tübingen wurde der Zug von einer Diesellok gezogen.

Mit der Ausmusterung dieser Fahrzeuge am 31. Januar 1980 schien das Kapitel der »roten Heuler« beendet. ET 65 009 und 022 wurden am 14. Januar 1980 mit ihren Steuerwagen zur Verschrottung ins AW Karlsruhe überführt. Das im Aufbau befindliche »Landesmuseum für Technik und Arbeit« in Mannheim erhielt den ET 65 005 und den ES 65 011, die am 24. März 1981 nach Mannheim überstellt wurden. Doch auch nach Eröffnung des Museums konnten die Fahrzeuge aufgrund akuten Platzmangels nicht der Öffentlichkeit zugänglich gemacht werden und blieben weiterhin in der Versenkung verschwunden. Nachdem auf absehbare Zeit keine Möglichkeit bestand, den ET 65 der Öffentlichkeit zu präsentieren, gingen die Fahrzeuge im April 1997 aus dem Lagerbestand des Museums nach Stuttgart zurück. Die Freunde zur Erhaltung historischer Schienenfahrzeuge (FzS) aus Stuttgart nahmen Trieb- und Steuerwagen in ihre Obhut und bereicherten ihre Sammlung elektrischer Triebwagen (ET 25, 27 und 32) um eine weitere Baureihe.

Der Museumstriebwagen

Für positive Schlagzeilen sorgte schließlich das Gespann ET/ES 65 006 als Museumstriebwagen der Deutschen Bundesbahn.

Am 12. November 1979 wurde er vom AW Cannstatt ins AW München-Neuaubing überführt und dort hinterstellt.

Am 15. und 16. September 1979 feierte das AW Bad Cannstatt sein 110-jähriges Jubiläum. Auch bei diesem Fest diente der ET 65 als Pendelzug für die Festgäste und fuhr im Stundentakt von Stuttgart Hbf ins Ausbesserungswerk und zurück. Mit 465 005 an der Spitze rollt die Garnitur am 16. September 1979 über die Rosensteinbrücke in Richtung Stuttgart Hbf. *Aufnahme: Otto Blaschke*

Von Stuttgart über Horb nach Tübingen führte am 21. Oktober 1979 die Abschiedsfahrt der DGEG. 465 006 und 865 606 verlassen den Mühlener Tunnel kurz vor Horb. *Aufnahme: Thomas Estler*

1983 kehrte der ET 65 006 als Museumszug auf die Gleise zurück. Seither ist er immer wieder auf alten Stammstrecken im Einsatz wie am 11. November 1983 auf dem König-Wilhelm-Viadukt in Stuttgart-Münster. *Aufnahme: Thomas Estler*

Auf seine alten Tage gelangte der 465 006 im März 1984 noch zu Fernzug-Ehren: Auf der Rückfahrt von Hamburg nach Stuttgart macht der rüstige Rentner in Hannover Hauptbahnhof ein verdientes Päuschen. *Aufnahme: Jürgen Krantz*

Überraschend entschloß sich die Deutsche Bundesbahn, die Fahrzeuge betriebsfähig zu erhalten. Nach einer Hauptuntersuchung im AW Cannstatt am 25. Mai 1983 kamen sie in Obhut der BSW-Freizeitgruppe des Bw Tübingen. Seit diesem Zeitpunkt stehen die Fahrzeuge, übrigens die ersten betriebsfähigen Museumsfahrzeuge der Deutschen Bundesbahn, für Sonderfahrten zur Verfügung. Eine der interessantesten Sonderfahrten in seiner Museumskarriere führte den ET 65 am 2. März 1984 nach Hamburg. Am 3. und 4. März brachte er dort den Hanseaten mit mehreren Rundfahrten im Rahmen des Jubiläums »100 Jahre Eisenbahndirektion Hamburg« als Sonderzug »Theodor Heuss« schwäbisches Triebwagenflair nahe. Die Hin- und Rückfahrt erfolgte mit eigener Kraft und ebenfalls als öffentliche Sonderfahrt, sie dürfte freilich nur etwas für wirklich hartgesottene ET 65-Fans gewesen sein.

Die ersten Fahrten nach der HU absolvierte die Garnitur noch zweiteilig. Umso größer war die Überraschung für die Eisenbahnfreunde, als der Zug im Dezember 1985 bei den Feiern zum hundertfünfzigjährigen Bestehen der deutschen Eisenbahnen in Stuttgart wieder dreiteilig unterwegs war: Die BSW-Gruppe Tübingen hatte den ehemaligen Mittelwagen EM 65 006, der nach dem Ende des regulären Betriebes als normaler B4yg eingesetzt worden war, wieder zum Mittelwagen rückgebaut und in die Garnitur eingereiht.

Im Mai 1987 verfügte das Verkehrsmuseum Nürnberg die Umstationierung zur BSW-Gruppe des Bw Frankfurt/Main 1, um den Triebwagen effizienter einzusetzen. Am 3. Juli 1987 wurden die Fahrzeuge dorthin überführt. Der Erfolg dieser Maßnahme zeigte sich sehr schnell im sprunghaften Anstieg der Sonderfahrten des historischen Fahrzeugs in seinem neuen Revier. Ein besonders

Erst als Museumszug gelang es dem ET 65, seine angestammten Gleise hinter sich zu lassen. Eine Sonderfahrt brachte ihn am 17. September 1983 auf die Strecke Heilbronn–Würzburg, wo er im Bahnhof Neudenau einen Fotohalt einlegt. *Aufnahme: C. Honzera*

Wieder komplett: Ende 1985 erhielt der Museumstriebzug seinen angestammten Mittelwagen zurück. Seither rollte er als Dreiteiler durch die Lande wie im Frühjahr 1986 im Remstal bei Endersbach. *Aufnahme: Thomas Estler*

markanter Einsatz im Rahmen des Saisonabschlusses der »DB-Dampfnostalgie '87« führte den Triebwagen am 2. Januar 1988 von Frankfurt nach Fürth und weiter im Schlepp eines Dampfsonderzuges nach Scheßlitz. Rund fünfzig Sonderzugeinsätze im Jahr 1988 hinterließen ihre Spuren und setzten den ET 65 am Jahresende mit einem Fahrmotorschaden vorläufig außer Gefecht. Nach erfolgreicher Reparatur und Probefahrt am 16. März 1989 konnte das beliebte Fahrzeug wieder für Sonderfahrten freigegeben werden.

Um der hohen Nachfrage besser gerecht zu werden, wurde 1989 der ehemalige Gesellschaftswagen 50 80 89-43 733 der Bauart WGm 841 umgebaut und als Clubwagen (EM 65 106) in den Triebzug eingestellt.

Ab 7. Januar 1991 befand sich der Triebzug zur Hauptuntersuchung E3 mit Neuanstrich im AW Limburg. Neben den regulären Arbeiten wurden die Fenster mit Sicherheitsglas ausgerüstet, um den Triebwagen auch auf Neubaustrecken einsetzen zu können. Ferner wurden die Leitungen für die elektrische Heizung sowie der Fußboden komplett neu verlegt. Bedauerlicherweise wurde bei der HU ein Durchführungsisolator abgerissen, als der Motorwagen in eine Werkhalle geschoben wurde. Daraufhin erfolgte die Überfuhrung ins Bw Plochingen, wo im Mai 1991 Fachleute des ehemaligen AW Cannstatt den Schaden behoben.

Mitte des Jahres 1991 erhielten die Museums- und Traditionsfahrzeuge neue, EDV-gerechte Nummern. Nach diesem Schema erhielt die Garnitur

Zu Planzeiten fuhr der ET 65 nur in Ausnahmefällen auf der Gäubahn, im Museumsbetrieb hingegen kam er häufig auf die Panoramastrecke. Kurz vor dem Einfahrtssignal des aufgelassenen Bahnhofes Stuttgart-West ist der Dreiteiler im Oktober 1987 unterwegs in Richtung Vaihingen. *Aufnahme: C. Honzera*

nun folgende Nummern: ET 65 006 (488 651-1), EM 65 006 (888 004-9), EM 65 106 (888 005-7) und ES 65 006 (888 601-2). Mit der Kennung »88« werden alle Museumsfahrzeuge bezeichnet.

Gott sei Dank dient dieses Schema nur dem internen Gebrauch, an den Fahrzeugen bleiben die historischen Bezeichnungen angeschrieben.

Einen guten Eindruck von der Beliebtheit und der regen Nachfrage nach dem ehemaligen Stuttgarter Vororttriebwagen vermitteln die Einsätze im Mai 1992:

01.05.	Koblenz–Heidelberg
09.05.	Marburg–Heidelberg
15.05.	Mainz–Baden-Baden
16.05.	Mühlheim–Offenburg
22.05.	Frankfurt–Fulda
23.05.	Bebra–Würzburg
27.05.	Darmstadt–Düsseldorf

Durch diese rege Einsatztätigkeit in seiner neuen Frankfurter Heimat brachte es der ET 65 als Museumsfahrzeug zwischenzeitlich auf ganz erkleckliche Laufleistungen:

1988	12498 km
1989	11084 km
1990	15660 km
1991	12932 km
1992	13490 km
1993	12782 km
1994	16695 km

Im Rahmen der Feiern zu »150 Jahre Eisenbahn in Württemberg« durfte der rote Heuler an seiner alten Wirkungsstätte natürlich nicht fehlen und fuhr am 21./22. Oktober 1995 stündlich die beliebten Kirchturmfahrten »Rund um Stuttgart« (Stuttgart–Kornwestheim–Untertürkheim–Stuttgart).

Nicht schön, aber wirtschaftlich: Seit 1987 ist der Zug in Frankfurt stationiert, seit 1989 läuft ein »Klubwagen« im Zug mit. Der aus dem Gesellschaftswagen 50 80 89-43 733 umgebaute Wagen wurde als EM 65 106 in den Zug eingereiht und erhöht die Kapazität des Fahrzeuges und damit die Fahrgeldeinnahmen. Im Rahmen des Jubiläums »150 Jahre Eisenbahn in Württemberg« kam der nun vierteilige Zug wieder einmal in seine alte Heimat und fuhr am 21. und 22. Oktober 1995 Sonderfahrten rund um Stuttgart.
Aufnahme: C. Honzera

Bekanntermaßen unternahm der ET 65 006 seine ersten Gehversuche nicht in Württemberg sondern in Mitteldeutschland im Raum Halle/Leipzig.

Am 28. September 1996 ließ der betagte Triebwagen mit Pendelzügen zwischen Leipzig Hbf und dem Betriebshof Leipzig West anläßlich des »Tages der offenen Tür« wieder alte Erinnerungen aufleben.

Ende 1997 mußte der Triebzug wegen eines defekten Luftpressers abgestellt werden. Ein im Werk Nürnberg umgebauter Luftpresser der BR 420 brachte den Oldie aber wieder zum Laufen und so bleibt zu hoffen, daß noch viele Jahre der durchdringende Heulton beim Beschleunigen und das charakteristische Knacken und Zischen im Schaltkasten die Fahrgäste erfreuen wird.

Unfälle

Zwischenfall nach zwei Tagen Planbetrieb

Schon zwei Tage nach Beginn des fahrplanmäßigen Einsatzes war am Abend des 17. Mai 1933 der erste Unfall zu beklagen. Windböen und starker Regen führten zu erheblichen Sichtbeeinträchtigungen. Bei Dunkelheit und den widrigen Wetterbedingungen übersah der Triebfahrzeugführer des Triebwagen-Personenzuges (Tpo) 781 aus Stuttgart Hbf das auf »Halt« stehende Einfahrsignal des Bahnhof Esslingen. Er überfuhr das Signal. Im Bahnhof Esslingen hatte sich zur gleichen Zeit Tpo 806 nach Stuttgart Hbf in Bewegung gesetzt. Um 20.29 Uhr passierte das Unvermeidliche. Beide Züge prallten in der Einfahrt des Bahnhofs Esslingen aufeinander. Gott sei Dank waren beide Züge weder gut besetzt noch war ihre Geschwindigkeit sonderlich hoch, so daß sich Personen- und Sachschäden in Grenzen hielten. Mit einem Beinbruch kam Hilfsschaffner Andreas Eisele ins Krankenhaus. Reservelokführer Friedrich Ley erlitt Verletzungen an Kopf und Hand. Auch sechs Reisende trugen Blessuren davon. Die Schäden an den Fahrzeugen waren teilweise erheblich. Am schlimmsten hatte es den ET 65 011 als führendes Fahrzeug bei Tpo 806 erwischt, dessen Führerstand eingedrückt worden war. Beim Unglückszug Tpo 781 führte ES 65 004, dessen Führerstand nur

Gerade zwei Tage nach Aufnahme des Planbetriebes ereignete sich am 17. Mai 1933 in Esslingen der erste Unfall mit den neuen Fahrzeugen. elT 1211 prallte im Einfahrbereich mit elS 2204 zusammen. Glücklicherweise hielten sich die Personenschäden in Grenzen und auch der Sachschaden an den Fahrzeugen erwies sich als reparabel. Leicht »geknickt« präsentiert sich elT 1211 nach der Kollision im Bw Esslingen. *Aufnahme: Deutsche Reichsbahn, Sammlung Gerhard Rieger*

Frontal erwischt hat es 1938 den Steuerwagen elS 2215. Bei einem Zusammenstoß mit einem ES 25 trug das Fahrzeug erhebliche Blessuren davon. Zu Wiederherstellung brachte man das Fahrzeug ins RAW Cannstatt, wo diese Aufnahme entstand.

Aufnahme: Deutsche Reichsbahn, Sammlung Gerhard Rieger

Vergleichsweise glimpflich kam der Steuerwagen elS 2204 davon, lediglich geborstene Scheiben und verbogenes Blech verraten, daß der Wagen unliebsame Bekanntschaft mit dem Gegenzug gemacht hatte. *Aufnahme: Deutsche Reichsbahn, Sammlung Gerhard Rieger*

einige Beulen abbekam. Allerdings war beim Aufstoß das hintere Ende des Steuerwagens auf den nachfolgenden Beiwagen el 2669 aufgestiegen und hatte sich dort verkeilt. Dank ihrer robusten Bauweise konnten aber alle Fahrzeuge wiederhergestellt werden

Schwerster Unfall im Zweiten Weltkrieg

Auch im sechsten Kriegsjahr des Zweiten Weltkrieges fuhren im Großraum Stuttgart die Züge noch weitgehend planmäßig, aber eben nur weitgehend. Am 2. November 1944 morgens kurz nach 6 Uhr wartete Tpo 782 (Esslingen–Ludwigsburg) auf Einfahrt in den Bahnhof Untertürkheim. Warum der zur morgendlichen Berufsverkehrszeit voll besetzte Vor-

Der 2. November 1944 war der schlimmste Tag in der Geschichte des Stuttgarter Vorortverkehrs. Beim Zusammenstoß des Personenzuges P 2654 aus Tübingen mit dem Vorortzug Tpo 782 verloren 45 Menschen ihr Leben, 165 wurden zum Teil schwer verletzt. Die Zuglok E 17 01 hatte den Triebwagen ET 65 011 regelrecht aufgespießt und in die Höhe gedrückt, die nachfolgende Wagengarnitur begrub die Lokomotive unter sich. *Aufnahme: Deutsche Reichsbahn, Sammlung Gerhard Rieger*

Dieses Bild von der gegenüberliegenden Seite der Gleise zeigt, daß das vordere Drittel des Vorortriebwagens restlos zerstört wurde.
Aufnahme: Deutsche Reichsbahn, Sammlung Gerhard Rieger

orttriebzug überhaupt auf Weiterfahrt warten mußte, wird sich wohl nicht mehr klären lassen. Auf dem gleichen Gleis war an diesem Morgen die E 17 01 mit dem verspäteten P 2654 von Tübingen nach Stuttgart unterwegs. Aus unerfindlichen Gründen übersah Oberlokführer Friedrich Lehre mit seinem P 2654 ein Haltesignal, fuhr in den besetzten Gleisabschnitt ein und prallte mit voller Wucht auf den stehenden Vororttriebzug. Der am Zugschluß von Tpo 782 laufende ET 65 011 wurde regelrecht aufgespießt, in die Höhe gedrückt und zerfetzt, so groß war die Wucht des Aufpralls. Auch der erste Wagen des P 2654 – ein Behelfspersonenwagen – war nach dem Aufstoß mehr auf der Ellok als hinter ihr zu finden. Die Bilanz dieses schwersten Unfall des Stuttgarter Vorortbetriebs war grauenhaft: 45 Tote, darunter auch Lokführer Lehre, Triebwagenführer Abele und Studentenschaffnerin Haufischer aus Kirchheim, 14 Schwer- sowie 151 Leichtverletzte waren zu beklagen. Triebwagen und Ellok wurden anschließend ausgemustert. Bei beiden waren die Schäden derart groß, daß an eine Wiederaufarbeitung überhaupt nicht mehr zu denken war.

Auffahrunfall in Zuffenhausen

Vier Wochen später kam es am frühen Vormittag des 29. November 1944 zu einem erneuten schweren Auffahrunfall. Der Unfallhergang stellte sich wie folgt dar: Der Triebwagenpersonenzug (Tpo) 2964 von Stuttgart nach Weil der Stadt wartete vor dem »Halt« zeigenden Einfahrsignal des Bahnhofs Zuffenhausen auf Weiterfahrt. Inzwischen war Tpo 814 von Stuttgart nach Ludwigsburg in den Bahnhof Feuerbach eingelaufen. Nach kurzem Aufenthalt klappte der Flügel des Ausfahrsignals hoch und der Abfahrtsauftrag wurde erteilt, obwohl im nachfolgenden Streckenabschnitt Tpo 2964 immmer noch auf Einfahrt in den Bahnhof Zuffenhausen wartete. Und so kam es wie es kommen mußte. Der führende ES 65 018 von Tpo 814 prallte mit Donnergetöse auf den wartenden Triebwagen nach Weil der Stadt. 14 Menschen ließen bei diesem tragischen Unfall ihr Leben. Hinzu kamen noch 7 schwer- und 9 leichtverletzte Fahrgäste. Schrottreif wurde wenig später der ES 65 018 ausgemustert.

Beim Triebzug nach Weil der Stadt erwischte es keinen ET 65, sondern den ET 55 04. Dieser Triebwagen war erst am 20. November vom Bw Basel zum Bw Tübingen umbeheimatet worden und hatte mit seinen Kollegen die ET 65 auf der Strecke nach Weil der Stadt abgelöst. Im Gegensatz zum zerstörten ES 65 wurde das schwerbeschädigte Fahrzeug nach Kriegsende wieder instandgesetzt.

Die Eisenbahnkatastophe bei Esslingen

Am Dienstag, den 13. Juni 1961 ereignete sich um 16.55 Uhr zwischen Esslingen und Mettingen ein schreckliches Eisenbahnunglück, bei dem 34 Menschen ihr Leben verloren. Schwer verletzt wurden 36, leicht verletzt 60 Fahrgäste. Zwei Vororttriebzüge – der um 16.32 Uhr in Stuttgart Hbf nach Süßen abgefahrene Nt 3885 und der um 16.49 Uhr in Esslingen nach Stuttgart abgefahrene Nt 3902 – stießen bei km 12, 2 in der westlichen Ausfahrt des Esslinger Bahnhofs mit voller Wucht frontal zusammen. Menschliches Versagen war zwar die Unfallursache, eine außerplanmäßige Änderung im Betriebsablauf wohl aber der eigentliche Auslöser.

An diesem 13. Juni war wegen Gleiserneuerungsarbeiten ab 10.00 Uhr das Vorortgleis Esslingen–Stuttgart zwischen den Bahnhöfen Esslingen und Obertürkheim gesperrt worden. Bis 15.30 Uhr hatten die Vorort-Triebzüge in Richtung Stuttgart das Ferngleis befahren. Zur Vermeidung von Betriebsstörungen im Berufsverkehr wurde ab diesem Zeitpunkt auf dem Vorortgleis Stuttgart–Esslingen der eingleisige Betrieb aufgenommen, d.h. der gesamte Vorortverkehr sollte ab 15.30 Uhr auf dem Vorortgleis Stuttgart–Esslingen abgewickelt werden. Hierzu war kurz vor der Unfallstelle eine Weiche eingebaut worden, die auf das befahrbare Vorortgleis überleitete. Abgesichert war die Bauweiche durch ein zusätzlich aufgestelltes Signal. Am 7. Juni waren die Triebwagenführer der Außenstelle Esslingen mit besonderer Weisung über die abweichende Betriebsregelung ab dem 13. Juni zwischen Esslingen und Obertürkheim informiert worden.

Der Unfallhergang wurde folgendermaßen rekonstruiert:

Der planmäßig um 16.49 Uhr abfahrende Nt 3902 mit zwei Einheiten ET/ES 55 erhielt über das Ausfahrsignal des Bahnhofs Esslingen »freie Fahrt« signalisiert. Das beim Ausfahrsignal zusätzlich aufgestellte Vorsignal (für das Hilfssignal an der Überleitung) zeigte »Zughalt erwarten«. Ebenso waren Hilfssignal und Gleissperrsignal vor der Überleitung auf das Gegengleis in der »Halt«-Position. Weshalb Triebwagenführer Fridolin Eger mit unverminderter Geschwindigkeit die »Halt« zeigenden Signale überfuhr und mit dem Gegenzug kollidierte, wird sich nicht mehr klären lassen. Der vom tödlich verletzten Eger gesteuerte Unglückstriebwagen war schon der vierte Zug, welcher aus Richtung Esslingen die eingleisige Streckenstück befahren sollte. Er war aber der erste Zug, der am Hilfssignal die Kreuzung mit einem Gegenzug abwarten mußte, die anderen drei Züge hatten an dieser Stelle freie Fahrt. Kurz nach der Weiche prallte der mit 30 bis 40 km/h fahrende Nt 3902 frontal auf den von Stuttgart mit rund 60 km/h heranrauschenden Nt 3885 (zwei Einheiten ET 65). Die Wucht des Aufpralls war so hoch, daß sich die jeweils führenden Fahrzeuge hoch in die Luft aufbäumten, ineinander verkeilten, aus dem Gleis geworfen wurden und die Böschung zum Neckar hinunter fielen. Die meisten Opfer saßen in dem mit rund 550 Fahrgästen – überwiegend Arbeiter und Angestellte der Firma Daimler-Benz – besetzten Nt 3885 aus Stuttgart. Wären im Unglückszug allerdings nicht nur 15 Reisende mitgefahren, hätte die tragische Bilanz noch um ein Vielfaches schlimmer ausgesehen. Bei den Fahrzeugen waren als Totalverlust ES 65 012 (führendes Tfz bei Nt 3885) und ET 55 07a (führendes Tfz bei Nt 3902) abzubuchen.

Letztendlich entschieden nur zehn Sekunden über Leben und Tod. Wäre der Nt 3885 aus Stuttgart nur zehn Sekunden früher an die Unfallstelle gekommen, wäre das schwere Unglück nicht passiert, da der Zusammenstoß unmittelbar hinter der Weiche zum eingleisigen Streckenabschnitt erfolgte.

Göppinger Kreisnachrichten

NEUE WÜRTTEMBERGISCHE ZEITUNG

NWZ

Druck und Verlag: Zeitungsverlags- und Druckhaus GmbH., Göppingen, Rosenstraße 24. Gesamtredaktion und Anzeigenverwaltung: Fernsprecher Sammelnummer 71 81. Fernschreiber 072 7881. Bezugspreis monatlich mit IWZ Südwestdeutsche Illustrierte Wochen-Zeitung DM 4,30.

Unabhängige Tageszeitung — Erscheint täglich außer sonn- und feiertags

16. Jahrgang, Nr. 134 — Einzelpreis 20 Pfg. (Sa. 30 Pfg.) — Göppingen, Mittwoch, 14. Juni 1961 — 2 X 5403 A

Furchtbare Eisenbahnkatastrophe bei Eßlingen

Bisher 33 Todesopfer geborgen / Vermutlich weitere Tote unter den Trümmern / 47 Verletzte

Eßlingen (NWZ). Am gestrigen Dienstag ereignete sich um 16.55 Uhr zwischen Mettingen und Eßlingen ein schreckliches Eisenbahnunglück, bei dem nach den letzten vorliegenden Meldungen etwa 37 Menschen ihr Leben verloren. Zwei stark besetzte Züge — der um 16.32 Uhr aus Stuttgart nach Süßen abfahrende Personenzug und ein aus Eßlingen kommender Vorortzug — stießen mit voller Wucht frontal zusammen. Unter den Toten befinden sich die beiden Triebwagenführer der Unglückszüge. 20 weitere Passagiere wurden schwer verletzt, darunter eine Anzahl lebensgefährlich. Außerdem erlitten über 20 Reisende leichtere Verletzungen. Die Unfallstelle an der westlichen Ausfahrt des Eßlinger Bahnhofs in Höhe des Kilometers 12,2 bot ein fürchterliches Bild des Grauens. Die Schmerzensschreie der Schwerverletzten mischten sich mit den Hilferufen der noch in den ineinandergeschobenen Wagen eingeschlossenen Verunglückten. Drei katholische Geistliche versahen die Schwerverletzten mit den Sterbesakramenten. Zahlreiche Aerzte bemühten sich in aufopfernder Weise um die Verletzten. Einsatzwagen des Roten Kreuzes aus der näheren und weiteren Umgebung waren sehr rasch an der Unglücksstelle, um gemeinsam mit Bundeswehrsoldaten und einer amerikanischen Sanitätskolonne, die mit zirka 30 Krankenwagen anrückte, zu retten und zu helfen. Gegen [illegible] Uhr waren 33 Tote geborgen, doch liegen voraussichtlich noch weitere Opfer unter den Trümmern. — Ausführl. Bericht Seite 2.

Algerienverhandlungen vertagt

Evian (AP). Die französisch-algerischen Friedensverhandlungen in Evian-les-Bains sind am Dienstag angesichts der Versteifung der Fronten für zehn bis 15 Tage vertagt worden.

Der französische Algerienminister Louis Joxe sagte auf einer Pressekonferenz, der Wunsch zur Unterbrechung sei von der französischen Delegation vorgebracht worden, die eine „Periode des Ueberdenkens" der Situation für notwendig halte. Aus den Worten des Ministers ging deutlich hervor, daß es in Evian in den wesentlichen Fragen bisher zu keiner Annäherung der Standpunkte gekommen ist. Dazu gehören in erster Linie eine Vereinbarung über einen Waffenstillstand, die Zukunft der europäischen Siedler in Algerien und das künftige Schicksal der Sahara, die von Algerien beansprucht wird.

Gleichzeitig erklärte der Sprecher der algerischen Verhandlungsdelegation, Ridha Malek, in Genf, daß die französische Delegation „die volle Verantwortung" für die Aussetzung der Konferenz trage. Malek kündigte eine Pressekonferenz des algerischen Delegationschefs Belkassem Krim für Mittwoch an.

Stürmische EWG-Debatte im Unterhaus

Harter Zusammenprall zwischen Befürwortern und Gegnern eines britischen Beitritts / Macmillan: Noch keine Entscheidung getroffen

London (dpa). Im britischen Unterhaus kam es am Dienstag im Anschluß an eine Erklärung von Premierminister Macmillan zum erstenmal zu einem Zusammenstoß zwischen den Befürwortern und Gegnern eines Beitritts Großbritanniens zum Gemeinsamen Markt und zu längeren stürmischen Auseinandersetzungen.

Macmillan teilte mit, daß die britische Regierung noch keine Entscheidung über einen Beitritt zum Gemeinsamen Markt getroffen habe. Vor einer solchen Entscheidung halte sie weitere Beratungen mit den Commonwealth-Ländern für notwendig. Macmillan teilte offiziell mit, daß drei Kabinettsminister aus diesem Grunde in Kürze die Commonwealthstaaten besuchen werden. Er legte sich in der Frage nicht fest, ob eine Sonderkonferenz der Regierungschefs der Commonwealth-Staaten stattfinden soll.

Zu einem im Unterhaus in dieser Schärfe seltenen Zusammenstoß kam es, als der frühere Labour-Verteidigungsminister Emanuel Shinwell, ein erbitterter Gegner eines Beitritts zum Gemeinsamen Markt, den indirekten Vorwurf erhob, daß die britische Regierung das Commonwealth verkaufen wolle. Mit bleichem Gesicht sprang Macmillan auf und erwiderte, er weise diese Unterstellungen mit Nachdruck zurück. Er habe in dieser Frage ein besseres Alibi als Shinwell. Shinwell „wird in seinem Alter sehr patriotisch". Der Premierminister spielte damit auf die Tatsache an, daß mehrere Labour-Vertreter plötzlich zu leidenschaftlichen Verkämpfern der Commonwealth-Interessen geworden sind.

Minutenlang konnte sich der Sprecher des Hauses nicht verständlich machen. Shinwell und seine Freunde sprangen auf, zeigten mit Fingern auf Macmillan und schleuderten ihm die verschiedensten Vorwürfe entgegen. Der Premierminister schlug jedoch sofort wieder eine nüchterne Note an. Er sagte: „Wir müssen versuchen, festzustellen, ob eine Basis für einen Zusammenschluß in Europa gefunden werden kann. Vielleicht scheitern wir dabei." Großbritannien müsse aber das tun, was im Interesse des Landes und der freien Welt liege.

Mehrere Labour-Abgeordnete und einige konservative Abgeordnete warnten vor einem Beitritt zum Gemeinsamen Markt und vor jeder Lösung in Europa, die das Commonwealth zerstören könnte. Premierminister Macmillan gab folgende Darstellung der jetzigen Haltung der britischen Regierung: „Unter Konsultationen mit unseren Commonwealthpartnern verstehe ich Konsultationen vor einer Entscheidung. Wir erwägen jetzt nicht, ob wir dem Gemeinsamen Markt beitreten sollen, sondern ob wir Verhandlungen mit dem Gemeinsamen Markt über einen Beitritt beginnen sollen."

Neue Sprengstoffattentate in Südtirol

Anschläge auch auf Talsperren / Wiener Regierung verurteilt Gewaltakte

Bozen (AP). Kurz nach Mitternacht sind in der Nacht zum Dienstag in Südtirol zwei weitere stählerne Masten von Ueberlandleitungen gesprengt worden.

Die beiden Anschläge ereigneten sich bei Tramin und Eppan. Der stellvertretende Bozener Staatsanwalt Leonardo d'Alessandro erlitt bei der Besichtigung des Schadens an einem der gesprengten Masten einen Herzanfall und starb kurz darauf.

Nach einer Zählung der Elektrizitätswerke sind bis zum Dienstagmorgen in Südtirol insgesamt 39 Masten gesprengt worden. Dabei wurde ein Straßenarbeiter getötet.

Die Polizei setzte am Dienstag ihre Suche nach weiteren Sprengladungen fort und entdeckte dabei starke Ladungen mit Zeitzündern an den Talsperren im Aurinatal und im Passeiertal.

Nach Angaben der Polizei wären beide Ladungen stark genug gewesen, um große Breschen in die Staumauern zu reißen. Ein Bruch der Sperren hätte das Leben von schätzungsweise 15 000 Menschen in Gefahr gebracht.

In der ganzen Region Trentino-Oberetsch wird der bisher durch den Stromausfall angerichtete Schaden auf 100 Millionen Lire (640 000 DM) geschätzt. In den Falk-Stahlwerken bei Bozen sind die Hochöfen ausgegangen. Nach Angaben der Werksleitung wird es Wochen dauern, bis sie wieder auf volle Leistung kommen. Die Polizei hat bisher über 100 deutschsprechende Südtiroler vernommen, jedoch in Bozen und Meran erst je zwei Verhaftungen vorgenommen.

In Rom traten Innenminister Scelba und die führenden Politiker der Region zu einer Sondersitzung zusammen. Die Südtiroler Volkspartei verurteilte in einer Erklärung die neuen Gewaltakte und berief das Parteisekretariat für Samstag zu einer Sondersitzung ein. In der italienischen Presse werden die Anschläge als verbrecherische Akte und „Nazi-Anschläge" verurteilt.

Die österreichische Regierung hat am Dienstagvormittag die Anschläge ebenfalls scharf verurteilt.

In einer Erklärung, die nach der Kabinettssitzung ausgegeben wurde, heißt es, das Südtirolproblem könne nur mit friedlichen Mitteln gelöst werden.

US-Botschaftssekretär unter Spionageverdacht verhaftet

Washington (AP). Der bisherige 2. Sekretär der amerikanischen Botschaft in Warschau, Irvin Chambers Scarbeck, ist in Washington unter dem Verdacht verhaftet worden, amerikanische Geheiminformationen an die polnische Regierung weitergegeben zu haben.

Scarbeck wurde von Beamten der Bundeskriminalpolizei auf der Straße verhaftet. Er war vor einer Woche aus Warschau zurückgekehrt. Nach Dienstzeiten in Deutschland und Washington war er im Dezember 1958 als zweiter Sekretär an die Botschaft in Warschau entsandt worden. Laut Haftbefehl soll Scarbeck von Januar bis Mai dieses Jahres Informationen, die die Sicherheit der Vereinigten Staaten betroffen hätten, an einen polnischen Agenten weitergegeben haben.

Rückkehr von UN-Truppen in den Versorgungshafen Matadi

Leopoldville (AP). Die Vereinten Nationen haben mit der kongolesischen Zentralregierung in Leopoldville ein Uebereinkommen über die Rückkehr von UN-Truppen in den wichtigsten kongolesischen Versorgungshafen Matadi erzielt. Dies wurde am Dienstag von einem UN-Sprecher in Leopoldville offiziell bekanntgegeben. Die sudanesischen UN-Soldaten in Matadi hatten die Stadt im März dieses Jahres nach 36stündigen Straßenkämpfen mit kongolesischen Truppen räumen müssen. Die Verhandlungen über die Rückkehr von UN-Truppen in die Hafenstadt waren sofort aufgenommen worden, führten aber erst jetzt zum Erfolg. Das Regime des kongolesischen Staatspräsidenten Kasawubu gab seine Zustimmung zur Entsendung von 100 unbewaffneten nigerischen UN-Soldaten sowie zweier kleiner kanadischer und schwedischer Spezial-Einheiten nach Matadi.

Gipfeltreffen der Neutralen im Herbst

Vorbereitende Konferenz beendet / Gegensätze zwischen Indien und Ghana

Kairo (dpa). Die Teilnehmerstaaten an der Kairoer vorbereitenden Konferenz für ein Gipfeltreffen neutraler Staaten haben am Dienstagmorgen in einem gemeinsamen Kommuniqué festgestellt, daß eine Uebereinstimmung über die Notwendigkeit erzielt worden sei, „eine Konferenz neutraler Staatschefs im Hinblick auf die Stärkung des Weltfriedens, die Sicherung einer wirksamen internationalen Zusammenarbeit und die Verwirklichung der Ansprüche von Millionen von Menschen auf Unabhängigkeit und ein besseres Leben" abzuhalten. In dem Schlußkommuniqué, das nach achtstündiger Sitzung am frühen Dienstagmorgen veröffentlicht wurde, heißt es, die neutrale Gipfelkonferenz solle am 1. September in Jugoslawien stattfinden.

Die Teilnehmerstaaten an der Kairoer Konferenz einigten sich in ihrem neuntägigen Treffen auf das Gerüst einer Tagesordnung und sie verabschiedeten die Definition für den Begriff „Neutralismus", in dem die politischen Merkmale solcher Staaten festgelegt sind, die am Gipfeltreffen teilnehmen können. Auf eine Teilnehmerliste hat sich die Konferenz noch nicht geeinigt. Die Auswahl der Teilnehmer soll späteren Verhandlungen überlassen bleiben.

An der Konferenz haben Vertreter von Jugoslawien, Indonesien, Guinea, Ghana, Mali, Kuba, Indien, Marokko, Afghanistan, Kambodscha, Aethiopien, Somalia, Saudi-Arabien, Irak, Jemen, Nepal, Sudan, Ceylon, Birma, der Vereinigten Arabischen Republik sowie der algerischen Exilregierung teilgenommen.

Der Tagungsverlauf in Kairo offenbarte erhebliche Gegensätzlichkeiten zwischen der indischen und der ghanaischen Auffassung über eine neutrale Politik. Höhepunkt in den Auseinandersetzungen war die tagelange, ergebnislose Debatte über die Zulassung der kongolesischen Gegenregierung unter Gizenga. Indien, im Bestreben der geplanten Gipfelkonferenz internationale Legitimität zu geben, hat sich der Zulassung Gizengas energisch widersetzt. Auf der anderen Seite versucht Ghana ebenso hartnäckig die Teilnahme Gizengas durchzusetzen, um die Front der afrikanischen Nationalisten im September in Bled zu stärken. Der Gegensatz konnte auf der Kairoer Konferenz nicht geklärt werden. Die Auseinandersetzung zwischen Ghana und Indien endete unentschieden, wie aus dem Beschluß der Konferenz hervorgeht, den Teilnehmerkreis erst in nachträglichen diplomatischen Verhandlungen festzulegen.

Zur gemeinsamen Abwehr der Drohungen der Sowjetregierung in der Deutschland- und Berlinfrage wird nach Mitteilung aus Londoner diplomatischen Kreisen in Konsultationen zwischen den drei Westmächten die Abhaltung einer Außenministerkonferenz im Laufe dieses Sommers beraten. (AP)

Auf der Titelseite berichteten die Göppinger Kreisnachrichten am 14. Juni 1961 von der Eisenbahnkatastrophe in Esslingen. 34 Menschen verloren ihr Leben, als am Nachmittag des 13. Juni im westlichen Vorfeld des Bahnhofs zwei Vorortzüge frontal zusammenstießen.

Abbildung: Sammlung Heinz Estler

Er sah zuerst die Katastrophe, gab Alarm und half den Verletzten

Er fuhr, wie alle Tage, auf seinem Motorrad von der Arbeitsstelle nach Hause, von Untertürkheim nach Göppingen. Ein paar hundert Meter vor Eßlingen sah er durch die Pappelallee am Neckarufer, über den Fluß hinweg, zu den Bahngleisen hinüber. Er sah entsetzt die beiden Züge aufeinanderrasen, sah die Triebwagen senkrecht aufsteigen, sah den Blitz in der Oberleitung und hörte das furchtbare Krachen. Und er reagierte so blitzschnell, wie es nur ein geschulter Mann tun kann: Helmut Brenner, 26 Jahre alt, verheiratet, drei Kinder, Elektriker von Beruf und nebenbei, schon seit seiner Schulzeit, Rotkreuz-Helfer, schaltete an seinem Motorrad das Fernlicht ein, raste auf der linken Seite der verstopften Straße laut hupend stadtwärts. Dem ersten Polizisten schrie er zu: „Eisenbahnunglück! Alarm!" Mit dem Polizisten auf dem Soziussitz raste er weiter, veranlaßte die beiden nächsten Polizeibeamten, Alarm zu geben. Dann kam er als erster Sanitäter an die Unglücksstätte, legte seine Rotkreuz-Binde an, nahm die drei Verbandpäckchen, die er immer bei sich hat, zur Hand und begann, den Verletzten zu helfen. Wenige Minuten später kamen Polizei, Feuerwehr und Rotes Kreuz, dann Bundeswehr, Technisches Hilfswerk und amerikanische Soldaten, um die Verletzten und Toten zu bergen.

Hier stand das Signal auf „HALT", aber...

Es ist fast ein Wunder, daß so viele davonkamen...

...denn einer der beiden Züge war mit mehr als 500 Arbeitern und Angestellten überbesetzt, als die beiden Triebwagen mit 40 bzw. 70 km/Std. aufeinanderkrachten. Die beiden ersten Wagen wurden zerfetzt. In dem zweiten Wagen des aus Stuttgart kommenden Zuges (Bild unten links) sah es aus, als sei nicht viel passiert. Aber auch hier gab es noch Tote. Heinz Mende (Bild Mitte) erzählte es unserem Reporter: Er hatte erst auf einem der linken Plätze gesessen, seinen Platz dann einer Frau angeboten und sich selbst (Kreis) in den Mittelgang neben einen Arbeitskollegen (Kreuz) gestellt. Plötzlich spürte er einen furchtbaren Schlag, sah einen Blitz, eine Wolke von Rauch und Ruß und war dann für einige Sekunden wahrscheinlich bewußtlos. Als er wieder zu sich kam, lag er am Boden. Dicht neben ihm lag sein Arbeitskollege — ohne Kopf. Er weiß nicht, wie das gekommen ist. Er selbst kam mit dem Schrecken davon und mit starken Prellungen an Hals, Schulter, Arm und der linken Seite. Als unser Reporter ihn in seiner Wohnung, Göppingen, Schillerstraße, aufsuchte, wusch seine Frau (unten rechts) gerade das Hemd aus, das er in jener furchtbaren Minute, 16.55 Uhr, am 13. Juni, getragen hatte. Es war voller Blut. Blut von dem Kollegen. Von seinem Kopf, seinem Rumpf? Heinz Mende kann sich nicht mehr entsinnen, wie es war. Er hat einen kleinen Wagen, aber er wird auch in Zukunft mit der Bundesbahn zur Arbeit fahren, allerdings nie im ersten Wagen. Er hat einen Vorschlag: Bringt bitte Verbandkästen in den Zügen an!

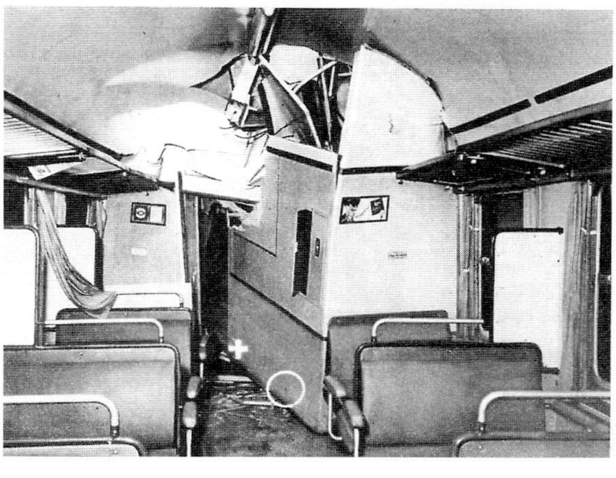

...aber der Triebwagenführer Fridolin Eger (52) fuhr daran vorbei und in den Tod. Was in dieser Sekunde geschehen ist, wird sich niemals aufklären lassen. Ein Versehen? Ein Schwächeanfall vielleicht? Menschliches Versagen... Das wird es immer geben, trotz aller technischen Perfektion. Diese Luftaufnahme zeigt, wie nach dem furchtbaren Zusammenprall die beiden Triebwagen völlig aus der Fahrtrichtung geschleudert wurden. Der eine hing über die Uferböschung des Neckar (gestrichelte Linie) und drohte während der Bergungsarbeiten auf dem regendurchweichten Boden in den Fluß abzurutschen. „Der Anblick aus der Luft war fürchterlich", schrieb der Fotograf, der um 17.56 mit seiner Maschine in Stuttgart startete, „vor allem der Anblick der von weißem Papier verdeckten Körper der Toten dieser Katastrophe" (im Vordergrund vor den beiden Wagen). (Freig. v. Inn. Min. Bad./Württ. Nr. 2/11356 A. Luftbild: Brugger)

Überall herrschte Trauer im Neckartal und im Filstal, denn die meisten Toten dieser Katastrophe stammen aus den Orten dieses Gebietes. Überall sah man an den Tagen nach dem schweren Unglück schwarzgekleidete Menschen; sie hatten an jenem Tage lange Stunden in quälender Ungewißheit gewartet, ob der Mann, der Bruder, der Sohn, die Tochter heil von der Arbeit zurückkommen würde. Aber für viele wurde es dann zur furchtbaren Gewißheit: ihr Warten würde vergebens sein. Angehörige, Freunde und viele Einwohner kamen zum Begräbnis der Opfer, wie hier zur Beisetzung des Diplom-Ingenieurs Manfred Estler in Göppingen. In der Mitte (mit Brille) die Witwe des tödlich Verunglückten, hinter ihr sein Vater, rechts neben ihr seine Mutter.

Von besonderer Tragik ist das Schicksal der Familie Geisel, ebenfalls in Göppingen. Bundesbahnarbeiter Heinz Geisel (33), bei der Bahnmeisterei Stuttgart beschäftigt, gehört zu denen, die nicht mehr zu ihren Lieben zurückkamen. Seine Frau, Lore Geisel, bleibt allein — allein mit zwei Mädchen und drei Buben im Alter von zwei bis dreizehn Jahren. Und sie erwartet das sechste Kind. Fassungslos vor Schmerz hält sie beim letzten Abschied von ihrem Mann die Hände ihrer Kinder. Und die Erschütterung in den Gesichtern der Menschen, die in dieser Stunde um sie waren, ließ erkennen, wie nahe jedem einzelnen das Los dieser Unglücklichen und der Todesopfer selbst geht, für deren Leben das Schicksal plötzlich das Signal auf „Halt" gestellt hatte.

15

Noch Tage danach beschäftigte die Katastrophe die Presse. Auch die Illustrierten räumten der Berichterstattung über den Unfall und die menschlichen Tragödien breiten Raum ein. *Abbildung: Sammlung Heinz Estler*

Auch technisch hätten genügend Möglichkeiten bestanden, die Katastrophe zu verhindern bzw. die Unfallfolgen zu minimieren:

1. Weder der Unglückstriebwagen noch das zusätzliche Signal vor dem eingleisigen Streckenabschnitt waren mit induktiver Zugsicherung (Indusi) ausgerüstet. Die im Stuttgarter Vorortverkehr eingesetzten Triebwagen erhielten diese Einrichtung erst bei ihrer Modernisierung, die 1961 gerade im Anlaufen war. Die Indusi am Triebwagen hätte aber auch nichts genützt, weil diese Einrichung am Zusatzsignal ebenfalls fehlte und nach damaliger Auffassung auch nicht benötigt wurde.
2. Wäre das zusätzliche Signal durch eine Schutzweiche abgesichert gewesen, hätte der Unglückszug zwar immer noch das Signal überfahren, aber nicht mehr in den eingleisigen Streckenabschnitt einfahren können. Eine glimpflicher verlaufende Entgleisung mit deutlich geringeren Schäden wäre die Folge gewesen.
3. Auch eine Ausrüstung der Triebwagen mit Zugbahnfunk hätte wahrscheinlich das Unglück verhindert. Zugbahnfunk wurde allerdings erst in den 70er Jahren installiert.
4. Schließlich stellt sich die Frage, warum nur 700 m nach dem Ausfahrsignal des Bahnhofs Esslingen noch ein Signal installiert wurde. Zumindest theoretisch hätte der Übergang zum eingleisigen Streckenabschnitt auch über das Ausfahrsignal abgesichert werden können.

Anhang

Technische Daten nach der Modernisierung

Triebwagen ET 65

	ET 65 001-021	ET 65 022-025	ET 65 031
Achsanordnung	Bo'Bo'	Bo'Bo'	Bo'Bo'
Gattungszeichen	BD4yg	BD4yg	ABD4
Höchstgeschwindigkeit	85 km/h	85 km/h	90 km/h
Größte Anfahrzugkraft (kg)	7600	7600	7600
Nennleistung nach VDE 0535 (kW) bei Geschwindigkeit (km/h)	924/58	924/58	812/66
Dauerleistung bei 0,7 V_{max} (kW)	740	740	600
Dienstgewicht (t)	62	52	62
Besetztgewicht (t)	68	57	66
Reibungsgewicht (t)	68	57	60
Mittlere Achslast Treibachse (t)	17	14,3	16,4
Durchmesser Treibrad neu (mm)	1000	1000	1000
Länge über Puffer (mm)	20300	20500	20300
Sitzplätze insgesamt	58	58	55
Sitzplätze 1. Klasse			
Bremsgewicht P (t)	56	51	46
Stromabnehmer	2xSBS10	2xSBS39	2xSBS10
Fahrmotoren	4xEDTM 494/II	4xEDTM 494	4xELM 10

**) Klammerwert für Werkstättengleise*

Steuerwagen ES 65

	ES 65 01-016		ES 65 017-024		ES 65 031,032
	ursprünglich	n. Modernisierung	ursprünglich	n. Modernisierung	
Achsanordnung	2'2'	2'2'	2'2'	2'2'	2'2'
Gattungszeichen	BC 4i	AB4yg	BC 4i	AB4yg	AB4ygtr
Höchstgeschwindigkeit (km/h)	75	85	85	85	85
Dienstgewicht (t)	40,4	38	27,4	27	32
Achslast (t)	12,4 (besetzt)	10,7 (mittl. Achsl.)	9,1 (besetzt)	8,0 (mittl. Achsl.)	9,3 (mittl. Achsl.)
Gesamtachsstand (mm)	16200	16200	15800	15800	15600
Laufkreisdurchmesser neu (mm)	1000	1000	1000	1000	1000
Sitzplätze insgesamt	73	66	73	66	64
Bremsgewicht P (t)	42	42	31	32	35/37
Länge über Puffer (mm)	20300	20300	20500	20500	20370/20300

Literaturverzeichnis

AEG: Forschen und Schaffen, Band 2

Deutsche Bundesbahn, BD Stuttgart: 65 Jahre Stuttgarter Hauptbahnhof 1922 – 1987; Stuttgart 1987

Deppmeyer: Die Einheits-Personen- und Gepäckwagen der Deutschen Reichsbahn; Franckh'sche Verlagshandlung 1982

Diener: Die Reisezugwagen und Triebwagen der Deutschen Reichsbahn 1930; Röhr-Verlag 1983

Gottwaldt: 100 Jahre deutsche Elektrolokomotiven, Franckh'sche Verlagshandlung 1979

Iffländer, Paule, Braun, Rieger: Die elektrischen Einheitstriebwagen der Deutschen Reichsbahn, Band 1; Andreas Braun Verlag 1987

Messerschmidt: Von Lok zu Lok; Franckh'sche Verlagshandlung 1969

Mühl/Seidel: Die Württembergischen Staatseisenbahnen; Konrad Theiss Verlag 1970

Obermayer: Taschenbuch Deutsche Triebwagen; Franckh'sche Verlagshandlung 1973

Pavel: Stuttgarter Vororttriebwagen ET 465; Eislingen 1981

Scharf/Wollny: Die Gäubahn von Stuttgart nach Singen; EK-Verlag 1992

Seidel: Die Remsbahn–Schienenwege in Ostwürttemberg; Konrad Theiss Verlag 1987

Walz: Die Eisenbahn in Baden-Württemberg; Motorbuch Verlag 1984

Zschech: Triebwagen-Archiv; transpress 1992

diverse Kursbücher der DRG und der DB

diverse Ausgaben der Zeitschriften
AEG-Mitteilungen
BAHN-SPECIAL
BBC-Nachrichten
Die Bundesbahn
EISENBAHN-KURIER
eisenbahn magazin
Elektrische Bahnen
Glasers Annalen
LOK Report
LOKRUNDSCHAU
Modelleisenbahner
Welt der Eisenbahn

Der Autor

Thomas Estler ist Diplom-Kaufmann und Geschäftsführer einer Planungs-, Beratungs- und Ingenieurgesellschaft für Stadtentwicklung, Verkehr und Umwelt.

Seine Freizeit gehört der Eisenbahn. Neben den Bahnen in Übersee beschäftigt er sich seit geraumer Zeit vor allem mit der Eisenbahngeschichte seiner württembergischen Heimat. Durch zahlreiche Veröffentlichungen in der Fachpresse hat er sich als Fotograf wie als Autor einen Namen gemacht.

STARKE TYPEN

Dirk Endisch
Die Baureihe 50.35
Sie war weder attraktiv noch schnell. Dampflok-Fans nahmen die BR 50.35 nicht besonders ernst. Viele Museumsbahnen in Deutschland haben jedoch die unverwüstliche BR 50.35 für sich entdeckt. Ein Porträt zu Geschichte, Betrieb und ihren aktuellen Einsätzen auf Museumsbahnen.

144 Seiten, 120 Bilder,
davon 30 in Farbe
Bestell-Nr. 71113 **DM 29,80**

Frank Larsen
Die Baureihe V 200.1
Die V 200.1 brachte in den 60ern das Wirtschaftswunder auf die Schienen. Wo die roten Renner auftauchten, kam das Aus für die Dampfloks. Gegen die E-Loks hatte aber selbst die V 200.1 keine Chance. Ihre letzte Bewährung bestanden die Maschinen der Reihe V vor schweren Güterzügen.

144 Seiten, 120 Bilder,
davon 30 in Farbe
Bestell-Nr. 71112 **DM 29,80**

Eckart Weber
Baureihen 220 und 232/234
Die sowjetische Streckendiesellok leitete 1966 eine neue Ära bei der Reichsbahn ein. Über 1200 dieser robusten Maschinen fuhren auf ihren Gleisen. Auch die DB AG konnte lange nicht auf die Russenloks verzichten. Doch ihre Tage sind gezählt. Grund genug für ein ausgiebiges Lokporträt.

164 Seiten, 177 Bilder,
davon 31 in Farbe
Bestell-Nr. 71043 **DM 69,–**

Manfred Weisbrod
Baureihe V 100
der Deutschen Reichsbahn
Die V 100 war ein echtes Multitalent, war auf Nebenbahnen ebenso anzutreffen wie auf Hauptstrecken. Sie zog Güter-, Eil- und Personenzüge, selbst Schnellzüge waren kein Tabu für sie. Heute strahlt der Stern der V 100 nicht mehr so hell, doch als Güterzugbaureihe 298 hat sie eine Zukunft.

208 Seiten, 255 Bilder,
davon 64 in Farbe
Bestell-Nr. 71076 **DM 69,–**

Manfred Weisbrod/Wolfgang Petznick
Baureihe 01
Die Baureihe 01 prägte das Gesicht der Einheitsloks der Deutschen Reichsbahn.
Mit ihren zwei Meter großen Treibrädern faszinieren sie auch heute noch jeden Betrachter. Das Buch beschreibt Entwicklung und Bewährung der »klassischen« 01, auch Versuche, die Loks nach dem Krieg noch besser zu machen.

268 Seiten, 304 Bilder, davon 22 in Farbe,
30 Zeichnungen
Bestell-Nr. 70769 **DM 39,80**

Brozeit/Müller/Bölke/Dietmann
Baureihe 95
Die fesselnde Geschichte der »Bergkönigin«. Nahezu 60 Jahre lang beherrschten die 95er die Steilstrecken deutscher Mittelgebirge. Eine einmalige Dokumentation mit zahlreichen, bisher unveröffentlichten Bilddokumenten.

208 Seiten, 259 Bilder,
davon 35 in Farbe
Bestell-Nr. 70377 **DM 29,80**

IHR VERLAG FÜR EISENBAHN-BÜCHER

Postfach 10 37 43 · 70032 Stuttgart
Telefon (0711) 210 80 65 · Telefax (0711) 210 80 70

trans press

Stand August 1999
Änderungen in Preis
und Lieferfähigkeit vorbehalten